甜味剂
创新发展方向

谢剑平 史清照 主 编
张启东 柴国璧 范 武 副主编

郑州大学出版社

图书在版编目(CIP)数据

甜味剂创新发展方向 / 谢剑平,史清照主编.
郑州 : 郑州大学出版社,2025. 6. -- ISBN 978-7-5773-
1101-2

Ⅰ. TS264. 9

中国国家版本馆 CIP 数据核字第 2025G14C36 号

甜味剂创新发展方向

TIANWEIJI CHUANGXIN FAZHAN FANGXIANG

策划编辑	祁小冬		封面设计	王　微
责任编辑	吴　波		版式设计	王　微
责任校对	王　媛		责任监制	朱亚君

出版发行	郑州大学出版社		地　　址	河南省郑州市高新技术开发区
经　　销	全国新华书店			长椿路 11 号(450001)
发行电话	0371-66966070		网　　址	http://www.zzup.cn
印　　刷	河北虎彩印刷有限公司			
开　　本	787 mm×1 092 mm　1 / 16			
印　　张	7		字　　数	110 千字
版　　次	2025 年 6 月第 1 版		印　　次	2025 年 6 月第 1 次印刷

书　　号	ISBN 978-7-5773-1101-2		定　　价	79.00 元

作者名单

主　编　谢剑平　史清照

副主编　张启东　柴国璧　范　武

前　言

　　喜爱甜味是人类的本能,在婴儿时期人类就能够表现出明显的甜味偏好。人类文明初期,甜味成分主要源于鲜果、蜂蜜和其他植物中天然存在的小分子糖类。随着工业革命的发生,尤其是第二次世界大战以后工业与农业、畜牧业结合,世界范围内越来越多的经济体在食物和营养供给方面呈现出日益过剩的趋势,而在喜爱甜味的本能驱使下,高糖高甜度食品备受消费者青睐,在提供感官满足的同时带来了诸如糖尿病、肥胖、超重、龋齿等一系列健康问题。国际糖尿病联盟(International Diabetes Federation,IDF)统计数据显示,全球糖尿病患病率长期保持增长趋势:相比于2019年,2021年全球成年糖尿病患者人数增加了16%,达到5.37亿,约占全球成年人总数的10.5%。

　　在这一全球健康风险背景下,许多国家开始实施政策以减低本国居民的糖类摄入量。利用甜味剂代替糖类提供甜味感受的产品设计策略在食品产业界和消费者群体中获得了更多关注。甜味剂一般能够以更少的剂量提供与糖类同等强度的甜味,同时并不影响血糖水平,也不会导致肥胖、龋齿等健康问题,满足了消费者获取甜味享受和降低健康风险的双重需求。

　　目前全球范围内无糖或低糖类产品数量迅速增加,各品牌商纷纷推出兼具口感和无糖属性的流行产品。然而,甜味剂在对生物体消化系统、神经系统、免疫系统等方面关键生理功能的潜在影响尚未形成共识;在引发的行为偏好和生物学机制方面,甜味剂也表现出与糖类的显著区别。因此,深入探究甜味剂的生理效应、完善其评估体系,并推动其创新研发,仍是当前亟待解决的重要课题。

　　本书是中国工程院战略研究与咨询项目"特殊风味物质识别与产业发展战略研究"的成果之一。该项目由谢剑平担任负责人,项目围绕甜味剂发展与创新研究进行了深入调研。本书首先从甜味剂发展的驱动力、甜味剂的发展历史与现状以及甜味剂生物学调节功能的争议三个方面详细论述了甜味剂发展的历史进程,进而全面总结了甜味剂的下游产业、甜味剂的市场占比、甜味剂的生产企业等方面的现状,以及世界各国和组织对甜味剂使用的市场监管情况,列举了甜味剂的应用许可情况,梳理总结了各国或地区对甜味剂的每日容许摄入量等。本书还系统梳理了甜味觉产生机制的早期研究,归纳了甜味剂受体发现、甜味信号分子转导机制以及模拟与甜味配体的最新相关研究进展;总结了糖类与甜味剂引发的动物行为偏好差异、动物脑区活动差异和肠-脑轴神经激活模式差异等三个方面的研究进展,揭示了大脑可以辨别糖和甜味剂从而使个体表现出行为偏好差异的根本原因;归纳了甜味剂对肠道菌群、肠道菌群代谢产物短链脂肪酸以及肠道上皮细胞、血糖水平的影响。最后从新型甜味剂的理性设计和甜味剂功能评估体系的完善等方面提出了甜味剂的创新发展方向。

本书共4章,谢剑平负责整体思路和结构设计,各章主撰人员如下:第1章由史清照、柴国璧撰写;第2章由史清照、范武撰写;第3章由史清照、张启东撰写;第4章由范武、柴国璧;全书由谢剑平、史清照统稿。

目 录

第1章 | 糖类与甜味剂的发展历程

人类对甜味的喜爱与生俱来,婴儿时便对甜味表现出明显偏好[1]。在世界范围内,"甜"已从味觉感受被引申为美好、幸福、快乐等含义。糖是人类最早的甜味供体,人类文明之初仅能从水果、蜂蜜等天然物质中获得甜味。进入农业社会后,各类制糖技术开始出现,人类逐步获得了稳定的甜味来源。现代研究发现,甜味感受能激活脑内奖赏区域的多巴胺分泌,使人产生愉悦感[2],这是人类喜爱甜味的深层原因。

随着工业时代的到来,生产力水平大幅提升,世界范围内许多国家和地区均出现了过量糖摄入带来的一系列健康问题,利用甜味剂代替糖类提供甜味感受的产品设计策略在食品产业界和消费者群体中均获得了更多关注。甜味剂能以更少的剂量提供与糖同等强度的甜味,同时并不影响血糖水平,也不会导致肥胖、龋齿等健康问题,满足了消费者获取甜味和降低健康风险的双重需求。由于人们对甜味的喜爱和对健康的关注,甜味剂已成为目前最受瞩目的风味物质类型之一。

1.1 糖类的发展历史与现状

1.1.1 糖的发展历史和角色演变

糖作为甜味提供的主要载体,在历史上扮演着重要的角色。随着农业文明的进步,糖类的生产成为衡量文明发展水平的重要标志之一。麦芽糖(饴糖)是我国较早出现的糖类食品,关于饴糖的使用可追溯到周代,《诗经》中就记载了人们用饴糖来歌颂故乡的美好。饴糖一般从稻米、黍米和大、小麦发的蘖芽(新芽)熬制获得。《说文解字》记载"糖,饴也",又载"饴,米蘖煎也。饧,饴和馓也"。东汉扬雄所著《方言》中介绍:"凡饴谓之饧,自关而东,陈、楚、宋、卫之通语也。"可见,尽管称谓不尽相同,但饴糖在两汉时期已经有了较为广泛的使用。

战国时期,《楚辞》中有以蔗浆用于祭祀的记载。到了汉代,对于甘蔗的加工提取工艺进一步发展,东汉的糖中有"沙"一样口感的小颗粒,可以看作是砂糖的雏形。南北朝陶弘景的《名医别录》记载了以甘蔗"取汁为沙糖"之说。不过,此时的蔗糖制造仍旧比较粗糙。根据季羡林先生在《糖史》中的描述,当时中国本土蔗糖制糖术,一般是将甘蔗汁熬煮浓缩,制出的糖是褐棕色的粗糖。

得益于和印度之间的文化交流,印度制糖术在唐宋年间传入我国,成规模的制糖作坊在唐宋年间出现。同时,鉴真东渡日本也将甘蔗及制糖术传到日本。《新唐书·摩揭陀》记载:"贞观二十一年……太宗遣使取熬糖法,即诏扬州上诸蔗,拃沈如其剂,色味愈西域远甚。"明代是蔗糖制造技术日臻完善的重要时期,嘉靖年间白糖的出现,是中国古代制糖史上的突破性成果。宋应星的《天工开物》(图1-1)中详细记载了手工制糖,其中的一些制糖方法一直沿用到新中国成立前夕。

图1-1 《天工开物》中描绘的制糖场景

尽管蔗糖的制作工艺很早就已出现,糖依旧是稀有的奢侈品,早期民间较少将糖用于日常生活,主要作为贡品、赏赐物品或昂贵的医药用品等使用。直到清中期,中国制糖业快速发展,《岭南诗集·劝农十二首》中写道:"岁岁相因是蔗田,灵山西下赤寮边。到冬装向苏州卖,定有冰糖一百船。"由此可见当时制糖业的繁荣与昌盛,蔗糖逐渐成为人们日常生活的消费用品。

从世界范围看,公元 1 世纪,古印度人从甘蔗中提取出蔗糖,并不断改良蔗糖结晶颗粒的精制工艺。11 世纪,甘蔗的栽培技术和制糖技术传到欧洲,当时蔗糖价格昂贵,仅在欧洲社会上层阶级流传。在 16 世纪的英格兰,蔗糖是贵族阶层的专属奢侈品,欧洲贵族们甚至以一口龋齿为荣。自大航海时代开始,英、法等欧洲国家争相在美洲殖民地建立大量的甘蔗种植园,随着种植园生产规模的扩大,蔗糖的价格逐渐降低,至 19 世纪初期,为了减少对殖民地蔗糖供应的依赖,欧美国家本土开始竞相改良甜菜品种、栽种甜菜。温带地区甜菜的种植使得蔗糖的来源更为多样化并且不受地域气候的限制,制糖业得到快速发展,蔗糖逐渐成了人们可以日常获取的消费品。

1.1.2　糖类引发的健康问题

随着工业革命的发生,食物营养供给日益充足,而在喜爱甜味的本能驱使下,高糖高甜度食品备受青睐,并在提供给消费者感官满足的同时,带来了诸如糖尿病、肥胖、超重、龋齿等一系列健康问题。

目前全球糖尿病患者比例较高,并长期保持增长趋势。根据国际糖尿病联盟(IDF)统计数据显示,2021 年全球成年糖尿病患者人数达到 5.37 亿(10.5%),约占成年人总数的十分之一。相比 2019 年,糖尿病患者增加了 7400 万,增幅高达 16%。根据 IDF 推测,到 2045 年全球成年糖尿病患者人数将达到 7.83 亿,增幅为 46%,是同期估计人口增幅(20%)的两倍多,成年人的患病比例达到约 1/8。

这一健康问题在我国同样严峻,有数据显示,2021 年中国糖尿病患者数量高达

1.41 亿(表 1-1),占全球糖尿病人数的 26%,是糖尿病患者数量最多的国家。此外,过量糖的摄入还会导致超重和肥胖,超重和肥胖也是心脑血管疾病、糖尿病和多种癌症等慢性病的重要危险因素。《中国居民营养与慢性病状况报告(2020 年)》显示,中国居民超重肥胖的形势严峻,成年居民超重率和肥胖率分别为 34.3% 和 16.4%;6 ~ 17 岁儿童青少年超重率和肥胖率分别为 11.1% 和 7.9%;6 岁以下儿童超重率和肥胖率分别为 6.8% 和 3.6%。中国 18 岁及以上居民男性和女性的平均体重分别为 69.6 kg 和 59 kg,与 2015 年相比分别增加了 3.4 kg 和 1.7 kg。各年龄组居民超重肥胖率继续上升,肥胖问题已经成为影响中国居民身体健康的重要问题。

表 1-1 2021 年和 2045 年患有糖尿病的成年人(20 ~ 79 岁)数量最多的 10 个国家或地区[3]

2021 年			2045 年		
排名	国家或地区	糖尿病患者数量/百万	排名	国家或地区	糖尿病患者数量/百万
1	中国	140.9	1	中国	174.4
2	印度	74.2	2	印度	124.9
3	巴基斯坦	33.0	3	巴基斯坦	62.2
4	美国	32.2	4	美国	36.3
5	印度尼西亚	19.5	5	印度尼西亚	28.6
6	巴西	15.7	6	巴西	23.2
7	墨西哥	14.1	7	孟加拉国	22.3
8	孟加拉国	13.1	8	墨西哥	21.2
9	日本	11.0	9	埃及	20.0
10	埃及	10.9	10	土耳其	13.4

1.1.3　世界范围内的减糖政策

进入 21 世纪以来,控制糖分的摄入以应对糖尿病、肥胖等一系列公共健康问题所带来的负面影响已经在全球范围内成为一项重要议题。2014 年 3 月,世界卫生组织就糖摄入量指南草案公开征询意见,草案建议成人每天糖摄入量应控制在当日摄入总能量的 5%(25 g 左右)。2016 年 10 月 11 日,世界卫生组织发布的《改善饮食和预防非传染性疾病的财政政策:从建议到行动》报告指出,利用税收手段调节含糖饮料消费,可减少因摄入过多糖分导致的肥胖和糖尿病,降低医保开销。目前世界多国已通过对糖和含糖软饮料的消费征收"糖税"(sugar tax)的方式将减糖上升至国家管控层面。

1920—1930 年期间,丹麦、芬兰、挪威等为全球首批征收糖税的国家。自 21 世纪初,部分太平洋岛屿国家和地区开始执行"糖税"政策;2009—2012 年,匈牙利和法国紧随其后。作为当时世界上糖尿病和肥胖症患病率最高的国家之一,墨西哥于 2014 年 1 月起开始对所有软饮料收税。至 2014 年 12 月,墨西哥的饮料年消费量下降了 12% ,低收入家庭消费量减少 17% 。在 2014—2020 年间多个国家和地区集中出台或修订了糖类管控措施。根据世界银行统计,目前"糖税"已经成为全球控制肥胖和糖尿病等疾病流行的重要手段。澳大利亚医学协会 2023 年 1 月发布的《为什么要对含糖饮料征税?》报告显示,截至 2023 年 1 月,全球已有 85 个国家和地区制定了"糖税"制度,部分国家的糖税政策具体制度见表 1-2。2022 年 12 月,世界卫生组织发布了《世卫组织关于促进健康饮食的含糖饮料征税政策手册》,该手册以"糖税"全球税收证据的总结和案例研究为特色,强调了成功实施含糖饮料征税国家的经验,并为各国制定、设计和实施税收提供了包括考虑因素和战略在内的指南,旨在为政策制定者和其他参与"糖税"政策的人提供实用参考,促进健康饮食。

表1-2　各国"糖税"政策出台年份与征税对象税率设置

国家	年份	征税对象税率设置
挪威	1992	对含糖饮料征税4.75克朗/L
波利尼西亚	2002	对含糖饮料征税国产40太平洋法郎/L　进口60太平洋法郎/L
瑙鲁	2004	对含糖饮料征税30%
匈牙利	2011	对含糖饮料征税4%
芬兰	2011	对含糖量超过5%的饮料征税0.22欧元/L
法国	2011	对含糖饮料征税7.5欧元/100 mL
毛里求斯	2013	对含糖饮料、果汁征税0.03毛里求斯卢比/g
墨西哥	2014	对碳酸饮料征税1墨西哥比索/L
智利	2014	对含糖饮料征税同时对无糖饮料减税
多米尼加	2015	对含糖饮料征税10%
巴巴多斯	2015	对含糖饮料征税10%
葡萄牙	2017	低于80 g糖/L饮料征收0.15欧元 高于80 g糖/L饮料征收0.3欧元
西班牙	2017	含糖量5 g/100 mL以上的饮料征税0.12欧元/L
沙特阿拉伯	2017	对能量饮料和碳酸饮料分别征税100%和50%
印度	2017	对果汁果肉饮料征税12%,对含糖碳酸饮料征税40%
阿联酋	2017	对能量饮料和其他软饮料分别征税100%和50%
法国	2017	含糖量在11 g/100 mL以上饮料征税20欧元/100 L
斯里兰卡	2017	对软饮料中的每1 g糖征税0.5斯里兰卡卢比
菲律宾	2018	对含糖和人工甜味剂的饮料征税(乳类饮料、含糖速溶咖啡、含可可糖或甜菊糖的甜饮、100%果汁除外)

续表 1-2

国家	年份	征税对象税率设置
南非	2018	对含糖量在 4 g/100 mL 以上的饮料征税 0.21 南非兰特/g
英国	2018	对糖含量在 5 g/mL 以上的饮料征税 10 便士/L 对糖含量在 8 g/mL 以上的饮料征税 24 便士/L
爱尔兰	2018	对糖含量大于 5 g/100 mL 的饮料实行累计制,最高 0.3 欧元/L
秘鲁	2018	对含糖饮料按含糖量征收从价税(纯净水、100% 果汁、纯牛奶、可饮酸奶除外)
卡塔尔	2019	对能量饮料和含气软饮料分别征税 100% 和 50%
马来西亚	2019	对含糖量大于 5 g/100 mL 的碳酸饮料、调味饮料和其他非酒精饮料或含糖量大于 12 g/100 mL 的果蔬汁征税
泰国	2019	2017 年泰国开始对含糖饮料进行征税 2019 年 10 月加倍征收含糖饮料税
美国	2020	加利福尼亚州伯克利市:对指定的含糖饮料,如苏打水、运动饮料、能量饮料、甜味冰茶的分销商征收每盎司 1 美分的税金; 旧金山:每盎司 1% 苏打水税

目前,我国还未推行"糖税"政策,但国家及社会各界十分重视降低我国居民糖类摄入量,已陆续出台了多项政策或行动,呼吁控制糖分的摄入,倡导减糖生活。从 2016 年第二阶段全民健康生活方式开始,中国正式提出开展"三减三健"行动,提倡"减盐、减油、减糖,健康口腔、健康体重、健康骨骼"专项活动。随后,国家又印发了一系列减糖政策(表 1-3)。2017 年 6 月,国务院办公厅印发《国民营养计划(2017—2030 年)》,指出要积极推进全民健康生活方式行动,广泛开展"三减三健"为重点的专项行动。2019 年 2 月,国家卫健委办公厅印发《健康口腔行动方案(2019—

2025 年)》开展"减糖"专项行动,限制中小学校及托幼机构销售高糖饮料和零食,减少食堂含糖饮料和高糖食品供应。

2019 年 7 月国家卫健委发布《健康中国行动(2019—2030 年)》提倡人均每日添加糖摄入量不高于 25 g,鼓励消费者减少蔗糖摄入量,倡导使用符合安全标准的天然甜味物质和甜味剂取代蔗糖。此外,深圳市于 2021 年 1 月起施行的《深圳经济特区健康条例》倡导全社会参与代糖健康饮食行动;2021 年 9 月首届中国饮品健康论坛发布的《健康中国饮料食品减糖行动白皮书(2021)》倡导推进饮料行业使用代糖。

表 1–3　中国关于减糖、健康相关政策

政策	年份	政策内容
全民健康生活方式行动方案(2017—2025 年)	2017	引导餐饮企业、集体食堂积极采取控制食盐、油脂和添加糖使用量的措施,减少含糖饮料供应
国民营养计划(2017—2030 年)	2017	加快食品加工营养化转型。优先研究加工食品中油、盐、糖用量及其与健康的相关性,适时出台加工食品中油、盐、糖的控制措施。提出食品加工工艺营养化改造路径,集成降低营养损耗和避免有毒有害物质产生的技术体系。研究不同贮运条件对食物营养物质等的影响,控制食物贮运过程中的营养损失
健康口腔行动方案(2019—2025 年)	2019	开展"减糖"专项行动。结合健康校园建设,中小学校及托幼机构限制销售高糖饮料和零食,食堂减少含糖饮料和高糖食品供应。向居民传授健康食品选择和健康烹饪技巧,鼓励企业进行"低糖"或者"无糖"的声明,提高消费者正确认读食品营养标签添加糖的能力

续表 1-3

政策	年份	政策内容
健康中国行动（2019—2030 年）	2019	加强对食品企业的营养标签知识指导,指导消费者正确认读营养标签,提高居民营养标签知晓率。鼓励消费者减少蔗糖摄入量。倡导食品生产经营者使用食品安全标准允许使用的天然甜味物质和甜味剂取代蔗糖。科学减少加工食品中的蔗糖含量。提倡城市高糖摄入人群减少食用含蔗糖饮料和甜食,选择天然甜味物质和甜味剂替代蔗糖生产的饮料和食品
深圳经济特区健康条例	2021	鼓励商店、超市等开设低盐、低脂、低糖食品专柜;酒精饮料、碳酸饮料的销售者应当在货架或者柜台上设置符合标准的健康损害提示标识;酒精饮料、碳酸饮料健康损害提示标识的制作标准和设置规范由市卫生健康部门制定,并向社会公布
健康中国饮料食品减糖行动白皮书(2021)	2021	高糖摄入是导致糖尿病的主要原因,代糖成为饮料行业发展重点,倡导推进饮料行业使用代糖
国家残疾预防行动计划(2021—2025 年)	2022	推广健康生活方式,提倡戒烟限酒、低油低盐低糖饮食,在学校、社区、餐厅、养老机构等特定场所,加强健康生活方式宣传

1.2　甜味剂的发展历史与现状

随着全民健康生活方式的深入人心,"减糖"成为越来越广泛的共识,也是全球食品生产和消费发展的重要趋势。在各种政策和人们对于健康需求的推动下,以不被人体吸收或利用率较低的甜味剂作为甜味来源代替食品中添加的糖,逐渐成为普遍被生产者和消费者接受的"减糖"方式。甜味剂是一种赋予食品甜味的功能性食品添加剂[4]。《食品安全国家标准　食品添加剂使用标准》(GB 2760—2024)中对甜味剂的定义是赋予食物甜味的物质。

甜味剂根据来源可分为人工合成甜味剂和天然甜味剂两大类。人工合成甜味剂是指通过化学合成方法生产的,主要包括糖精、甜蜜素、阿斯巴甜、安赛蜜、三氯蔗糖、阿力甜、纽甜和爱德万甜等。天然甜味剂是指从天然物质(通常是天然植物)中提取获得的,根据化学结构的不同可以分为三类,糖醇类甜味剂、糖苷类甜味剂和甜味蛋白。

1.2.1　人工合成甜味剂

1.2.1.1　糖精

糖精(磺胺类甜味剂)作为第一种人工甜味剂源于偶然发现。1879年,康斯坦丁·法尔伯格在约翰斯·霍普金斯大学的 Ira Remsen 实验室工作期间,研究甲苯磺酰胺的氧化机制时没洗手就去擦嘴,结果发现了甜度是蔗糖300～500倍的邻苯甲酰磺酰亚胺,并将其命名为"saccharin",即糖精[5]。

1.2.1.2　甜蜜素

1937年,伊利诺伊州立大学的研究人员在合成退烧药时误食了样品,发现了甜度是蔗糖30～50倍的环己基氨基磺酸钠,该物质也被称为"甜蜜素"(cyclamate),目前已成为糖尿病患者的代用甜味剂,常常和糖精配合使用,能掩盖糖精的苦味缺陷,且甜蜜素的热稳定性较好,适用于烘焙糕点。

1.2.1.3　阿斯巴甜

1965年,西尔列制药有限责任公司(G. D. Searle. LLC)的研究人员发现天门冬酰苯丙氨酸甲酯具有强烈的甜味且口感不像糖精那样具有发苦的金属味,并将其命名为阿斯巴甜(aspartame),其甜度是蔗糖的 200 倍。这是历史上第一个肽类(二肽)甜味剂,但阿斯巴甜的热稳定性较差,不能用于烹饪食品。

1.2.1.4　安赛蜜

1967 年,德国诺维食品公司(Nutrinova)的技术员误食手指上残留的样品,发现数种乙酰磺胺酸盐均具有强烈的甜味,其中 6-甲基-1,2,3-氧噁嗪-4-(3H)-酮2,2-二氧钾盐被命名为安赛蜜。安赛蜜的甜度与阿斯巴甜相当,是蔗糖的 200 ~ 250 倍,同时略带发苦的金属味。

1.2.1.5　三氯蔗糖

1976 年,英国糖业公司 Tate&Lyle 与伦敦国王学院合作进行卤化糖的合成和测试时,研究生将对“氯化糖”的“测试”的请求误解为“品尝”,进而发现许多氯化糖呈现甜味,且其甜度比蔗糖高几百倍或几千倍。团队将蔗糖上的三个羟基换成了氯,在保持蔗糖风味的同时将甜度提高了 320 ~ 1000 倍,并大幅度降低了其能量,成为今天广泛应用于食品行业的甜味剂——三氯蔗糖[6]。

1.2.1.6　阿力甜

1979 年,美国辉瑞公司针对阿斯巴甜稳定性较差的缺点,根据相关甜味规律设计开发出具有蔗糖的甜味和无任何苦味的甜味剂阿力甜,其甜度是蔗糖的 2000 倍。阿力甜尚未被美国食品药品监督管理局(Food and Drug Administration,FDA)认可,目前全世界只有中国、澳大利亚和墨西哥等 6 个国家批准使用。

1.2.1.7　纽甜

纽甜是美国孟山都公司和法国里昂大学合作研制的二肽甜味剂,根据人体甜味受体的双疏水结合部分假设及阿斯巴甜化学结构,基于构效关系研究结果,在阿斯巴甜分子上用疏水基团取代氢而形成产物纽甜,并于1993年取得化合物专利[7]。化学名为 N-[N-(3,3-二甲基丁基)-L-α-天门冬氨酰]-L-苯丙氨酸-1-甲酯,其甜度是蔗糖的8000倍,稳定性良好。先后于2002年、2003年和2010年分别由美国FDA、中国卫生部、欧盟正式批准在食品中使用。

1.2.1.8 爱德万甜

爱德万甜(advantame)是日本味之素公司研制的一种阿斯巴甜的衍生物,其甜度是蔗糖的20 000倍。2013年,爱德万甜被欧盟认可合法使用于肉类外的食品中,且欧盟部分专家对其稳定性、安全性进行了评估,最终确定其每日允许摄入量[8]。2017年,中国国家卫生和计划生育委员会在《关于爱德万甜等6种食品添加剂新品种、食品添加剂环己基氨基磺酸钠(又名甜蜜素)等6种食品添加剂扩大用量和使用范围的公告》(2017年第8号)中规定了其食品类别的应用标准。

1.2.2 天然甜味剂

天然甜味剂多数为植物或者微生物的次生代谢产物,相比于糖类和人工甜味剂,天然甜味剂具有溶解度好、味觉良好、稳定性高等优点。

1.2.2.1 糖醇类甜味剂

糖醇又名多元醇,存在于多数植物、藻类以及微生物体内,根据化学结构分为单糖醇(如赤藓糖醇、木糖醇和山梨糖醇等)与多糖醇(如麦芽糖醇、乳糖醇等)。糖醇一般具有纯正的甜味,所产生的甜度和热量各有不同。

目前市场上最广泛使用的糖醇类甜味剂是赤藓糖醇,主要利用微生物发酵法制备获得[9]。赤藓糖醇的甜度约为蔗糖的70%。2008年5月,我国正式允许赤藓糖醇按生产需要适量使用。

木糖醇由德国化学家费舍尔和法国化学家布兰德在芬兰的白桦树中发现,广泛存在于果品、蔬菜、谷类、蘑菇类食物和木材、稻草、玉米芯等植物中,也是哺乳动物碳素代谢的中间体。木糖醇是所有多元醇中甜度最高的一种,甜度等同于蔗糖,同时带有薄荷的清凉感。世界健康组织食品添加剂联合专家委员会对木糖醇的每日允许摄入量不作限定,欧洲经济联合体食品科学委员会认为这种多羟基化合物可以长期使用。

山梨糖醇于 1872 年由法国化学家乔塞夫·鲍新高尔特在分离山梨果实的鲜汁时发现,别名为山梨醇、蔷薇醇,英文名为 Sorbitol、D-Glucitol,是己糖的还原产物己糖醇的一种。山梨糖醇是植物中最普遍存在的糖醇,从藻类到高等植物中均含有,尤其在蔷薇科植物如桃、李、杏、苹果、梨、樱桃和山梨中含量很高。山梨糖醇的甜度是蔗糖的 60%,目前主要采用葡萄糖催化加氢的方法进行批量生产。

麦芽糖醇是一种以麦芽糖为原料,利用加氢反应而获得的一种糖醇,其甜度是蔗糖的 80%~90%,甜味特性接近于蔗糖,具有柔和的风味,无刺激性和返酸的后味,可掩饰高倍甜味剂(如安赛蜜、阿斯巴甜)的不良后味。

1.2.2.2 糖苷类甜味剂

糖苷类甜味剂主要包括甜菊糖苷、罗汉果苷、新橙皮苷、甘草甜素。

甜菊糖苷是从菊科草本植物甜叶菊中提取出的一类具有甜味的萜烯类苷,已在亚洲、北美、南美洲和欧盟各国广泛应用。莱鲍迪苷 A(Rebaudioside A)是目前应用报道最多的甜菊糖苷,其甜度是蔗糖甜度的 350~450 倍[10]。

罗汉果苷(mogroside)源自一种葫芦科藤植物的果实,是三萜类葡萄糖苷,其中以罗汉果苷 V 的含量最为丰富。美国 FDA 于 1995 年批准罗汉果苷应用于食品,中国于 1996 年批准该物质为食品添加剂,尤其适宜作为肥胖和糖尿病患者的代用糖。

新橙皮苷(neohesperidin)又名二氢查耳酮,是从西班牙酸橙果皮中提取的一种甜味剂,甜度是蔗糖的 1000 倍,同时带有苦味且具有较高的耐酸性,适合于添加至清凉饮料中。目前,新橙皮苷在欧美一些国家已开始应用,但由于生产成本较高,用量有限。

1.2.2.3　甜味蛋白

甜味蛋白最初从非洲热带植物的果实或种子中分离获得,迄今为止发现的甜味蛋白主要有 8 种,分别是奇异果蛋白(miraculin)、莫内林(monellin)、奇异果甜蛋白(thaumatin)、马槟榔蛋白(mabinlin)、培它丁(pentadin)、仙茅蛋白(curculin)、植物甜蛋白(brazzein)和 neoculin。其中奇异果蛋白和 neoculin 两种甜味蛋白自身无甜味但具有甜味调节功能,能将酸味转变为甜味;植物甜蛋白、莫内林、奇异果蛋白、奇异果甜蛋白、培它丁这 5 种甜味蛋白本身具有甜味;而仙茅蛋白兼具上述两类蛋白的甜味特性。

奇异果蛋白是 1968 年从植物果实中分离纯化得到的,不同的酸性物质和 miraculin 一起表现出来的甜味具有很大的差异。

莫内林是从非洲热带植物应乐果(*Diocoreophyllum cumminsill*)的果实中分离纯化得到的一种甜蛋白,其甜度是蔗糖的 3000 倍左右。天然的莫内林蛋白由 A、B 两条肽链组成,分别包含 44 个氨基酸和 50 个氨基酸,该蛋白在高温下容易失活。

奇异果甜蛋白,又被称为索马甜,1972 年被 Van 等科学家从西非森林热带植物非洲竹芋(*Thaumatococcus daniellii*)中分离纯化得到。其甜度约是蔗糖的 1600 倍,而且耐热性较强,在沸水中加热数小时甜味基本不变,是目前唯一一种可作为食品甜味剂使用的甜味蛋白[11]。

马槟榔蛋白(mabinlin)是从我国云南省一种植物马槟榔(*Capparis masaikai*)的种子中分离得到的。至今已经发现马槟榔蛋白的 5 种不同蛋白结构形态,分别是 mabinlin Ⅰ、mabinlin Ⅱ、mabinlin Ⅲ、mabinlin Ⅳ 和 mabinlin Ⅴ,其甜味是蔗糖的 100 倍。在这些同工蛋白中,mabinlin Ⅱ 蛋白具有非常好的耐热性,在 80 ℃条件下处理数小时其甜味不会发生变化。

培它丁来自非洲植物伯拉氏瘤药树（*Pentadiplandra brazzeana*），其甜度是蔗糖的500 倍，是果实经过热干燥后提取得到的。

仙茅蛋白首次于 1990 年从马来西亚植物宽叶仙茅（*Curculigo latifolia*）的果实中提取纯化得到，和奇异果蛋白具有相似的性质，可以使酸味变成甜味，且甜味可以保持很长时间，当甜味消失后又可以通过喝水快速恢复。仙茅蛋白的甜度是蔗糖的430~2070 倍，但是其热稳定性较低，在 50 ℃甜味活性就会降低。

植物甜蛋白（brazzein）是 1994 年从鲜果中首次提纯得到的一种甜蛋白，其甜度是蔗糖的 2000 倍，具有良好的热稳定性和酸碱稳定性，在 80 ℃下处理 4 h 后仍能保持相当的甜味活性。

甜味蛋白 neoculin 和仙茅蛋白属于同源蛋白，也是从亚洲热带植物宽叶仙茅中分离纯化得到的，其甜度约是蔗糖的 500 倍。

1.3　甜味剂的功能优势和安全性争议

1.3.1　功能优势

由于具有低能量的特征，与糖类相比，甜味剂在降低血糖及胰岛素水平、预防肥胖、降低血压及血脂、预防龋齿等方面有显著的优势。比如，甜菊糖苷可以显著降低高脂饮食模型大鼠的空腹血糖、空腹胰岛素、总胆固醇与低密度脂蛋白水平，降低胰岛素抵抗指数，同时提高高密度脂蛋白水平，并通过上调大鼠肝脏过氧化物酶体增殖物激活受体 α（PPARα）的表达来抑制脂代谢异常[12]。此外，甜菊糖苷可以上调细胞葡萄糖转运蛋白 4（GLUT4）的表达，加速葡萄糖的代谢，提高糖尿病患者的胰岛素灵敏度[13]。在显著抑制血糖升高，却不影响肾上腺素正常分泌下，甜菊糖苷还可以改善糖尿病模型小鼠的胰岛 β 细胞病理形态,保护胰岛 β 细胞的胰岛素分泌功能[14]。许多基于动物模型或人类志愿者的研究也已经清楚地表明甜菊糖苷[15]对于 Ⅱ 型糖尿病、高血压、代谢综合征和动脉粥样硬化有有益的药理作用。

甜味剂除了普遍具有血糖相关的生物学调节功能外,部分甜味剂还表现出神经保护、抗炎、调节肠道菌群等作用。研究发现,甘草甜素能够通过增强内源性抗氧化剂并减少细胞色素-c 的释放来减少细胞凋亡,治疗大鼠的认知缺陷,在慢性脑灌注不足诱导的大鼠模型中显示出强大的神经保护作用[16]。此外,向大鼠腹腔内注射甘草甜素可减轻其脑缺血症状,表现出对大鼠的神经保护作用[17]。有研究表明,甘草甜素也可减轻帕金森病(Parkinson disease,PD)大鼠鱼藤酮给药造成的神经炎症和氧化应激反应[18]。经过甘草甜素预处理的大鼠能够通过抑制炎症、细胞凋亡和氧化应激来防止败血症引起的急性肾损伤[19]。赤藓糖醇和木糖醇对扁桃体周围脓肿(peritonsillar abscess,PTA)的化脓性链球菌具有生长抑制作用,有可能用作扁桃体频繁发炎的病人的 PTA 预防[20]。赤藓糖醇喂养高脂饮食小鼠后,小鼠小肠中先天性淋巴样细胞(ILC3)数量明显高于对照组,这表明赤藓糖醇能够显著改善高脂饮食引起的小肠炎症[21]。

1.3.2 安全性争议

虽然甜味剂具有诸多功能优势,然而随着甜味剂的广泛应用,有关其在消化系统、神经系统、免疫系统和生殖系统等方面可能存在暴露风险的安全性争议始终没有停止。

1.3.2.1 消化系统

基于动物及人体志愿者的多项研究发现,人工甜味剂在人体内并不是惰性的,它们会影响肠道微生物,诱导肠道生态失调和葡萄糖耐受不良,从而改变人体血糖水平[22]。一项基于动物的研究结果显示,由糖精、三氯蔗糖和阿斯巴甜组成的人工甜味剂会改变肠道微生物群,导致动物出现暴饮暴食的现象,最终呈现出体重增加和血糖调节功能受损[23]。此外,食用三氯蔗糖与营养型甜味剂的混合物会减少共生细菌(双歧杆菌、乳酸菌和拟杆菌)的数量,进而导致胰岛素抵抗、高脂血症、脂肪含量增加和炎症的发展[24]。在一项针对人体的研究中发现,糖精会导致肠道微生物群的改变和血糖失调;持续食用人工甜味剂会破坏肠道微生物群的组成,导致体重增加和葡萄糖不耐受等。另一项调研结果表明,含人工甜味剂的饮料替代含糖饮料后也会增加人体患糖尿病的风险[25]。另有一项研究首次揭示一些最广泛使用的人工甜味剂(糖精、三氯蔗糖和阿斯巴甜)会让肠道中的大肠杆菌和粪肠球菌变得更有致病性,这些致病性细菌会吸附侵入并杀死肠壁上的特殊细胞 CaCo-2 细胞[26]。

1.3.2.2　神经系统

研究发现,部分甜味剂会对动物或人体的神经行为和中枢神经系统产生影响[27]。阿斯巴甜的代谢产物——甲醇会增加大脑的氧化应激以及记忆衰退速度,与阿尔兹海默病的发病密切相关[28]。阿斯巴甜喂食大鼠 90 天后,大鼠神经源性一氧化氮合酶的蛋白表达明显增多,诱导一氧化氮合酶产生,使一氧化氮自由基增多,从而改变细胞膜完整性,导致神经元坏死或凋亡。此外,大鼠海马锥体神经元细胞层 NMDARI-CaMKII-ERK/CREB 信号通路活化也受到了抑制,造成大鼠的学习能力及空间识别记忆的能力下降[29]。

针对人体的多项研究也证明了甜味剂对神经系统的负面影响。一项调研报告显示与非阿斯巴甜使用者相比,阿斯巴甜使用者的记忆力更差。一项 80 名年轻健康志愿者参与的随机对照试验研究结果显示,与葡萄糖组相比,阿斯巴甜组记忆表现显著降低,反应时间明显延长[30]。此外,高阿斯巴甜餐干预后会导致志愿者的空间定位能力显著下降[31]。一项原本纳入 40 名抑郁症患者和 40 名无精神病史受试者参与的交叉研究中,两组受试者每天分别接受阿斯巴甜(30 mg/kg)或安慰剂,7 天之后交换补剂。最终只有 13 人完成研究,由于抑郁症患者不良反应严重,研究被中止;这表明阿斯巴甜会加重抑郁症患者的抑郁病情[32]。即使低剂量的阿斯巴甜摄入也可能影响人体及其后代的神经行为和心理健康。近期的一项研究报道显示,即使仅摄入含FDA 推荐的人类最大日摄入量的 8%~15% 的阿斯巴甜饮用水,便可以改变小鼠大脑杏仁核基因表达模式并导致小鼠明显的类焦虑行为,阿斯巴甜暴露的雄性小鼠的焦虑样行为甚至可遗传至两代[33]。

1.3.2.3 免疫系统

为研究三氯蔗糖对人体免疫系统的影响,弗朗西斯克里克研究所的团队给小鼠服食了高于正常人类饮食摄入量的三氯蔗糖,结果发现,三氯蔗糖影响了 T 细胞的细胞膜,降低了其有效释放信号的能力,进而使小鼠表现出了 T 细胞增殖和分化水平下降,小鼠免疫系统受到影响。喂食三氯蔗糖的小鼠还表现出在感染、肿瘤和免疫模型中功能性 T 细胞反应的不同程度下降。这些发现表明,高剂量三氯蔗糖会改变小鼠的免疫响应,抑制 T 细胞功能,损害免疫。研究人员认为这种抑制效果并不完全是负面的,它可以用于治疗以减轻 T 细胞依赖性的自身免疫疾病[34]。

1.3.2.4 生殖系统

1982 年,FAO(Food and Agriculture Organization,联合国粮食及农业组织)/WHO(World Health Organization,世界卫生组织)食品添加剂联合专家委员会(Joint FAO/WHO Expert Committee on Food Additives,JECFA)通过多项长期试验确定甜蜜素能够引起雄性大鼠的睾丸萎缩和相关的病理表现[35]。通过代谢研究发现,甜蜜素很少被胃肠道吸收,未吸收的甜蜜素由肠道微生物代谢产生环己基胺,是甜蜜素导致睾丸病变的原因。过量甜蜜素的使用会对小鼠精子产生一定的致畸效应,并能抑制成骨细胞的增殖和分化,对骨细胞造成损伤。长期摄入高浓度阿斯巴甜的大鼠染色体总畸变数及不正常精子数量均有显著增加[36]。妊娠期母鼠每日接受 50.4 mg 阿斯巴甜喂养后,母鼠及其分娩幼鼠的体重减轻,肝组织损伤率升高,骨髓细胞染色体畸变、DNA断裂等都明显增加[37]。

1.3.2.5　其他

美国知名医学研究机构克里夫兰医学中心(Cleveland Clinic)最新研究结果提示,天然甜味剂赤藓糖醇可能导致血栓加速形成,与心肌梗死、卒中等心血管疾病的发生风险升高相关。研究团队首先在接受心脏病风险评估的近 1200 名患者中进行了初步调查。通过分析血液中的化学物质,研究人员观察到多种多元醇甜味剂的血液浓度较高与 3 年随访期间发生主要不良心血管事件(如心肌梗死、卒中、心力衰竭)的风险增加有关,其中赤藓糖醇的相关性尤为显著。赤藓糖醇进入人体后,大部分被小肠吸收后进入血液。将赤藓糖醇添加到全血或分离出的血小板中发现,赤藓糖醇会让血小板更容易激活并形成血栓。动物实验的结果同样表明,摄入赤藓糖醇加速了动物体内的血栓形成。研究人员还进一步针对人体进行了研究,8 名健康志愿者摄入 30 g 赤藓糖醇饮料(与一罐市售饮料的赤藓糖醇含量相当)后检验他们血浆中的赤藓糖醇浓度。在摄入后数小时内,所有志愿者的血浆赤藓糖醇浓度增加了上千倍,并且在此后的 2～3 天里仍保持较高水平,该浓度已经远远超过可能引起血小板凝血风险增加的阈值[38]。法国一项经过同行评审的大规模研究发现,现有主流人工甜味剂可能并非健康的糖替代品,食用大量人工甜味剂,尤其是软饮料中常用的阿斯巴甜和乙酰磺胺酸钾(安赛蜜)会使人体患癌风险增加。总体而言,人工甜味剂摄入量与总体癌症风险呈正相关。该研究结果不支持将现有主流人工甜味剂作为食品或饮料中糖的安全替代品[39]。

虽然甜味剂存在诸多方面的负面报道,然而上述很多研究结论由于种种原因仍然存在质疑,比如大部分研究还是基于动物模型得出的结论,研究结论是否能够外推至人体尚没有充分的依据;部分研究中使用的甜味剂剂量高于日常人类摄入或标准规定的剂量范围;此外研究参与调查人群年龄偏大,选择样本量不足,随访时间偏短等。尽管如此,围绕甜味剂的长久争议依旧引发了社会层面的广泛关注,这无疑为功能和安全性表现更加优越的新型甜味剂开发提供了动力。

参考文献

[1]BEHRENS M, MEYERHOF W, HELLFRITSCH C, et al. Sweet and umami taste: Natural products, their chemosensory targets, and beyond[J]. Angewandte Chemie International Edition,2011,50(10):2220-2242.

[2]TELLEZ L A, HAN W F, ZHANG X B, et al. Separate circuitries encode the hedonic and nutritional values of sugar[J]. Nature Neuroscience,2016,19(3):465-470.

[3]OGLE G D, JAMES S, DABELEA D, et al. Global estimates of incidence of type 1 diabetes in children and adolescents:Results from the International Diabetes Federation Atlas,10th edition[J]. Diabetes Research and Clinical Practice,2022,183:109083.

[4]DUBOIS G E, PRAKASH I. Non-caloric sweeteners, sweetness modulators, and sweetener enhancers[J]. Annual Review of Food Science and Technology,2012,3:353-380.

[5]ARNOLD D L. Two-generation saccharin bioassays [J]. Environmental Health Perspectives,1983,50:27-36.

[6]GRICE H C, GOLDSMITH L A. Sucralose—an overview of the toxicity data[J]. Food and Chemical Toxicology,2000,38(1):1-6.

[7]NOFRE C, TINTI J M. Neotame:Discovery, properties, utility[J]. Food Chemistry,2000,69(3):245-257.

[8]SCLAFANI A, ACKROFF K. Advantame sweetener preference in C57BL/6J mice and Sprague-Dawley rats[J]. Chemical Senses,2015,40(3):181-186.

[9]KASUMI T, KOBAYASHI Y, IWATA H, et al. Erythritol production using non-re-

fined glycerol as a carbon source[C]. 27th International Conference on Yeast Genetics and Molecular Biology, International Academic Development, Hubei: Huazhong University of Science and Technology. 2015,32:154-155.

[10]PEZZUTO J M, COMPADRE C M, SWANSON S M, et al. Metabolically activated steviol, the aglycone of stevioside, is mutagenic[J]. Proceedings of the National Academy of Sciences of the United States of America, 1985, 82(8): 2478-2482.

[11]FAUS I. Recent developments in the characterization and biotechnological production of sweet-tasting proteins[J]. Applied Microbiology and Biotechnology,2000,53(2): 145-151.

[12]XU D Y, XU M, LIN L, et al. The effect of isosteviol on hyperglycemia and dyslipidemia induced by lipotoxicity in rats fed with high-fat emulsion[J]. Life Sciences,2012,90(1/2):30-38.

[13]BHASKER S,MADHAV H,CHINNAMMA M. Molecular evidence of insulinomimetic property exhibited by steviol and stevioside in diabetes induced L6 and 3T3L1 cells[J]. Phytomedicine,2015,22(11):1037-1044.

[14]ILIĆ V, VUKMIROVIĆ S, STILINOVIĆ N, et al. Insight into anti-diabetic effect of low dose of stevioside[J]. Biomedicine & Pharmacotherapy,2017,90:216-221.

[15]CHATURVEDULA V S P,CLOS J F,PRAKASH I. Fluorescent light exposure of rebaudioside a in mock beverages under international conference on harmonization (ICH) guidelines[J]. International Journal of Chemistry,2012,4(3).

[16] SATHYAMOORTHY Y, KALIAPPAN K, NAMBI P, et al. Glycyrrhizic acid renders robust neuroprotection in rodent model of vascular dementia by controlling oxidative stress and curtailing cytochrome-c release[J]. Nutritional Neuroscience, 2020,23(12):955-970.

[17]AKMAN T,GUVEN M,ARAS A B,et al. The neuroprotective effect of glycyrrhizic acid on an experimental model of focal cerebral ischemia in rats [J]. Inflammation,2015,38(4):1581−1588.

[18]OJHA S, JAVED H, AZIMULLAH S, et al. Glycyrrhizic acid attenuates neuroinflammation and oxidative stress in rotenone model of Parkinson's disease [J]. Neurotoxicity Research,2016,29(2):275−287.

[19]ZHAO H Y, LIU Z N, SHEN H T, et al. Glycyrrhizic acid pretreatment prevents sepsis−induced acute kidney injury via suppressing inflammation,apoptosis and oxidative stress[J]. European Journal of Pharmacology,2016,781:92−99.

[20]KÕLJALG S, VAIKJÄRV R, SMIDT I, et al. Effect of erythritol and xylitol on Streptococcus pyogenes causing peritonsillar abscesses [J]. Scientific Reports,2021,11:15855.

[21]KAWANO R, OKAMURA T, HASHIMOTO Y, et al. Erythritol ameliorates small intestinal inflammation induced by high − fat diets and improves glucose tolerance[J]. International Journal of Molecular Sciences,2021,22(11):5558.

[22]SUEZ J,COHEN Y,VALDÉS−MAS R,et al. Personalized microbiome−driven effects of non−nutritive sweeteners on human glucose tolerance[J]. Cell,2022,185(18):3307−3328. e19.

[23]SUEZ J,KOREM T,ZEEVI D,et al. Artificial sweeteners induce glucose intolerance by altering the gut microbiota[J]. Nature,2014,514(7521):181−186.

[24]ARAÚJO J R,MARTEL F,KEATING E. Exposure to non−nutritive sweeteners during pregnancy and lactation:Impact in programming of metabolic diseases in the progeny later in life[J]. Reproductive Toxicology,2014,49:196−201.

[25]HUANG M N, QUDDUS A, STINSON L, et al. Artificially sweetened beverages, sugar − sweetened beverages, plain water, and incident diabetes mellitus in

postmenopausal women: The prospective Women's Health Initiative observational study[J]. The American Journal of Clinical Nutrition,2017,106(2):614-622.

[26]SHIL A, CHICHGER H. Artificial sweeteners negatively regulate pathogenic characteristics of two model gut bacteria, E. coli and E. faecalis[J]. International Journal of Molecular Sciences,2021,22(10):5228.

[27]BURKE M V, SMALL D M. Physiological mechanisms by which non-nutritive sweeteners may impact body weight and metabolism[J]. Physiology & Behavior,2015,152:381-388.

[28]RYCERZ K, JAWORSKA - ADAMU J E. Effects of aspartame metabolites on astrocytes and neurons[J]. Folia Neuropathologica,2013,51(1):10-17.

[29]ASHOK I, SHEELADEVI R. Oxidant stress evoked damage in rat hepatocyte leading to triggered nitric oxide synthase (NOS) levels on long term consumption of aspartame[J]. Journal of Food and Drug Analysis,2015,23(4):679-691.

[30]SÜNRAM-LEA S I, FOSTER J K, DURLACH P, et al. Investigation into the significance of task difficulty and divided allocation of resources on the glucose memory facilitation effect[J]. Psychopharmacology,2002,160(4):387-397.

[31]LINDSETH G N, COOLAHAN S E, PETROS T V, et al. Neurobehavioral effects of aspartame consumption[J]. Research in Nursing & Health,2014,37(3):185-193.

[32]WALTON R G, HUDAK R, GREEN-WAITE R J. Adverse reactions to aspartame: Double-blind challenge in patients from a vulnerable population[J]. Biological Psychiatry,1993,34(1/2):13-17.

[33]JONES S K, MCCARTHY D M, VIED C, et al. Transgenerational transmission of aspartame-induced anxiety and changes in glutamate-GABA signaling and gene expression in the amygdala[J]. Proceedings of the National Academy of Sciences of the United States of America,2022,119(49):e2213120119.

［34］ZANI F，BLAGIH J，GRUBER T，et al. The dietary sweetener sucralose is a negative modulator of T cell – mediated responses［J］. Nature，2023，615（7953）：705–711.

［35］Committee J. Toxicological evaluation of certain food additives and contaminants［M］. WHO Food Additives Series，No. 21. Geneva：World Health Organization，1986.

［36］KAMATH S，VIJAYNARAYANA K，PRASHANTH SHETTY D，et al. Evaluation of genotoxic potential of aspartame［J］. Pharmacologyonline，2010，1：753–769.

［37］ABD ELFATAH A A M，GHALY I S，HANAFY S M. Cytotoxic effect of aspartame（diet sweet）on the histological and genetic structures of female albino rats and their offspring［J］. Pakistan Journal of Biological Sciences，2012，15（19）：904–918.

［38］WITKOWSKI M，NEMET I，ALAMRI H，et al. The artificial sweetener erythritol and cardiovascular event risk［J］. Nature Medicine，2023，29（3）：710–718.

［39］DEBRAS C，CHAZELAS E，SROUR B，et al. Artificial sweeteners and cancer risk：Results from the NutriNet – santé population – based cohort study［J］. PLoS Medicine，2022，19（3）：e1003950.

第2章 | 甜味剂的产业分布与市场监管政策

了解当前甜味剂产业结构和产业规模,有助于甜味剂产业创新发展方向的分析与预测;甜味剂作为食品添加剂应用于食品工业时,必须严格遵守各国家和地区的食品添加剂相关法规和标准,总结目前甜味剂的市场监管政策,对把握甜味剂产业的发展方向具有重要指导意义。

2.1 甜味剂产业分布

2.1.1 甜味剂下游产业情况

甜味剂在饮料、餐桌调味品、个人护理用品、烘焙食品、药品等领域广泛应用(图2-1)。目前,饮料领域甜味剂用量最大,占比约51%,其次为餐桌调味品及个人护理产品,占比分别为15%和13%(图2-2)[1]。以"可口可乐"为例,根据2020年报道,无糖可乐全年销售量增长4%,在20个顶端品牌中,有18个为无糖或低糖产品,无糖或低糖产品在公司全部饮料产品中占比已达36%[2]。

图 2-1　甜味剂下游产业分布

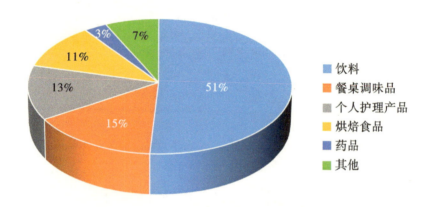

图 2-2　2021 年中国甜味剂下游应用领域占比

　　为满足口感、甜度、安全性、成本等方面的综合要求,甜味剂一般按一定比例进行复配使用(表2-1)。我国含甜味剂食品中有45.61%使用2种及以上甜味剂,其中二元组合使用率最高(27.18%),其次是三元(12.63%)和四元组合(4.24%),最多存在7种甜味剂的组合使用。无糖饮料品牌所使用的甜味剂配方中,一般将高倍甜味剂三氯蔗糖和低倍甜味剂(赤藓糖醇或麦芽糖醇)搭配使用[3]。

表 2-1　各类饮品使用甜味剂情况

品类	品牌	产品	甜味剂成分
气泡水	可口可乐	小宇宙 AH! HA!	赤藓糖醇、三氯蔗糖
	百事可乐	微笑趣泡	赤藓糖醇、三氯蔗糖
	元气森林	元气森林气泡水	赤藓糖醇、三氯蔗糖
	蒙牛	酸酸乳此汽质	赤藓糖醇、木糖醇、三氯蔗糖
	清泉出山	清汀无糖苏打气泡水	三氯蔗糖、安赛蜜
	喜茶	喜小茶无糖气泡水	三氯蔗糖、安赛蜜
茶饮料	元气森林	燃茶	赤藓糖醇、三氯蔗糖、安赛蜜
	三得利	乌龙茶	赤藓糖醇
功能饮料	可口可乐	魔爪	赤藓糖醇、三氯蔗糖
	百事可乐	佳得乐无糖	三氯蔗糖、安赛蜜
	东鹏特饮	0 糖特饮	麦芽糖醇、赤藓糖醇、三氯蔗糖、甜菊糖苷
	脉动	脉动无糖	麦芽糖醇、赤藓糖醇、三氯蔗糖、甜菊糖苷
	元气森林	外星人电解质水	赤藓糖醇、三氯蔗糖
植物蛋白饮料	养元饮料	六个核桃无糖	麦芽糖醇、安赛蜜、三氯蔗糖
	椰树	椰树无糖果汁	木糖醇
碳酸饮料	可口可乐	零度可口可乐	阿斯巴甜(含苯丙氨酸)、安赛蜜、三氯蔗糖
	百事可乐	百事可乐无糖	阿斯巴甜(含苯丙氨酸)、安赛蜜、三氯蔗糖
	达利	和其正无糖凉茶	赤藓糖醇、三氯蔗糖
其他饮料	王老吉	王老吉无糖凉茶	麦芽糖醇、赤藓糖醇、三氯蔗糖

2.1.2　甜味成分市场份额

目前市场甜味成分的应用仍以蔗糖为主。从全球甜味成分市场份额来看,蔗糖及浓缩的果葡糖浆消耗量占据 90%,说明目前人们获得甜味的主要来源仍然是传统糖类(蔗糖)。甜味剂总体仅占甜味成分的 10%,其中以人工甜味剂为主(图 2-3)。因此全球甜味剂市场仍有较大提升空间[4]。

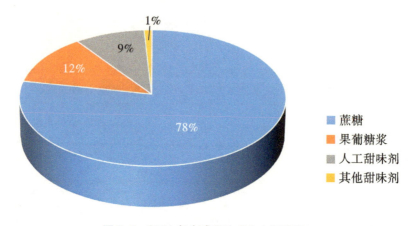

图 2-3　2021 年全球甜味成分市场份额

近年来随着绿色健康消费浪潮的兴起,全球知名食品饮料企业如星巴克、百事、立顿、雀巢、可口可乐等均开始逐步减少人工合成甜味剂转而采用天然甜味剂作为其产品的甜味成分。根据英敏特数据库报道,2010—2019 年美国终端消费市场共上市小包装食糖产品 683 项,其中蔗糖类产品 332 项,占比 49%;人工甜味剂复配产品 88 项,占比 13%;天然甜味剂复配产品 263 项,占比 38%(图 2-4)。虽然新品占比不能完全说明市场占比的情况,但可以说明产品开发的热度以及小包装食品市场的流行趋势。由于消费者对天然产品的关注和对人工合成甜味剂的担忧,天然甜味剂的使用量呈现逐年增加的趋势。从全球甜味剂用量来看,2010—2020 年间,天然甜味剂在代糖产品的应用占比由 2010 年的 8.16% 迅速增长至 2020 年的 29.41%(图 2-5)[5]。

图 2-4　美国糖和甜味剂小包装产品细分品类变化

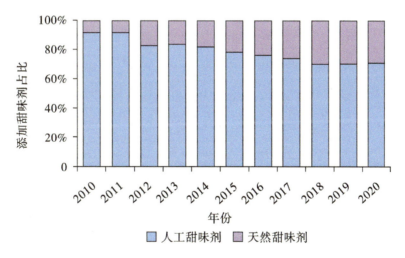

图 2-5　2010—2020 年全球甜味剂使用变化趋势

国内减糖代糖产品中人工合成甜味剂的使用范围较天然甜味剂更广,2011—2020 年国内减糖代糖产品上市新品共计 175 项,相比于糖类和天然甜味剂,10 年间人工合成甜味剂始终占据更高比例(图 2-6)。随着天然甜味剂的兴起,逐渐对人工合成甜味剂市场产生部分替代。2020 年,减糖代糖产品中人工合成甜味剂的使用量为 52.38%,天然甜味剂占比 14.29%,糖和其他碳水化合物占比 33.33%(图 2-6)。

图 2-6 　2011—2020 年中国减糖代糖产品添加成分变化

　　从具体产品应用趋势来看,人工甜味剂方面,阿斯巴甜和安赛蜜近年在新品中的使用明显下降,而三氯蔗糖的使用量显著提升,成为代糖新产品中主流的甜味剂。中国是三氯蔗糖产品生产和出口大国,2018 年中国三氯蔗糖市场需求量已接近 3000 t,占全球总市场需求量的 30% 左右。天然甜味剂方面,甜菊糖苷和赤藓糖醇的需求量高速增长,近 10 年中使用这两种甜味剂的新产品数量增长了 4 倍以上(图 2-7)。随着消费者对代糖产品安全性更高的要求以及消费者喜好向天然产品倾斜的转变,国内低糖减糖产品配方风格出现改变,从大量单一使用高倍的人工合成甜味剂,逐渐转变为天然甜味剂与高倍甜味剂搭配使用,其中人工高倍甜味剂使用以三氯蔗糖、安赛蜜为主,天然高倍甜味剂主要为甜菊糖苷和罗汉果苷,糖醇类主要为赤藓糖醇。

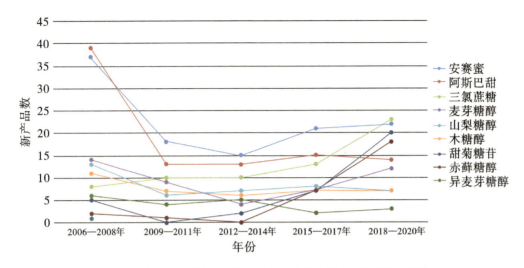

图 2-7　2006—2020 年中国减糖代糖产品中甜味剂使用变化趋势

2.1.3　甜味剂相关公司和生产状况

目前,我国规模较大的甜味剂生产企业有金禾实业、三元生物、华康实业等。金禾实业是人工甜味剂安赛蜜、三氯蔗糖的主要生产商,2022 年三氯蔗糖和安赛蜜产能分别占全国总产能的 46% 和 33%。三元生物是全球赤藓糖醇生产的龙头企业,2019 年三元生物的赤藓糖醇产量占国内赤藓糖醇总产量的 54.9%,占全球总产量的 32.94%。2023 年三元生物对外表示公司赤藓糖醇年产能 13.5 万 t。华康药业主要生产多种糖醇类天然甜味剂,包括木糖醇、山梨糖醇、赤藓糖醇和木糖醇。此外,表 2-2 中也列举了国内一些主要的甜味剂生产企业和各类甜味剂的年产能。

表 2-2　国内主要甜味剂生产企业各类甜味剂年产能

甜味剂类型	公司简称	各类甜味剂年产能
天然甜味剂	浩天药业	甜菊糖苷 1500 t
	莱茵生物	甜菊糖苷 4000 t
	海林甜菊糖	甜菊糖苷 1600 t
	保龄宝	赤藓糖醇 60000 t
	三元生物	赤藓糖醇 135000 t
	华康药业	木糖醇 30000 t、山梨糖醇 50000 t、赤藓糖醇 30000 t、麦芽糖醇 10000 t
	福田药业	木糖醇 25000 t
人工甜味剂	金禾实业	安赛蜜 12000 t、三氯蔗糖 8000 t
	山东康宝	三氯蔗糖 4200 t
	山东中怡	三氯蔗糖 2000 t
	新琪安	三氯蔗糖 1000 t
	汉光甜味剂	阿斯巴甜 10000 t

　　2021 年 Food Talks 评选全球甜味剂 50 强榜单综合考量企业甜味剂业务的营业额、规模、专利、品牌认知度以及全球化程度等指标并进行排名[6]。表 2-3 中展示了 2021 年全球甜味剂的 50 强企业。其中,中国企业占比 60%,中国甜味剂产量占全球产量的比重较大,而面对逐年增加的市场需求量,中国甜味剂行业具有广阔的发展前景。

表 2-3　甜味剂全球 50 强企业

公司简称	国家	成立时间	甜味剂榜单相关业务
嘉吉	美国	1865	赤藓糖醇、山梨糖醇 拥有 TRUVIA 桌面甜菊糖品牌
ADM	美国	1902	三氯蔗糖、罗汉果甜苷和甜菊糖苷
宜瑞安	美国	1906	多元醇
泰莱	英国	1921	三氯蔗糖
Tereos	法国	1999	山梨糖醇
味之素	日本	1925	阿斯巴甜
浩天药业	中国	2004	甜菊糖苷
华康药业	中国	1962	山梨糖醇、麦芽糖醇、木糖醇
金禾实业	中国	2006	安赛蜜、三氯蔗糖
保龄宝	中国	1997	赤藓糖醇
Cumberland Packing Corp.	美国	1945	甜菊糖苷 拥有 Sweet'N Low & Stevia in the Row 品牌
Merisant	美国	2000	阿斯巴甜、甜菊糖苷
BENEO	德国	2007	安赛蜜、阿斯巴甜、甜菊糖苷、三氯蔗糖
罗盖特	法国	1933	麦芽糖醇 SweetPearl®、XYLISORB® XTAB 木糖醇、多元醇
福田药业	中国	1999	木糖醇、麦芽糖醇、木糖等
山东康宝	中国	2012	三氯蔗糖
谱赛科	马来西亚	2001	甜菊糖苷
汉光甜味剂	中国	2001	阿斯巴甜

续表2-3

公司简称	国家	成立时间	甜味剂榜单相关业务
山东中怡	中国	2011	三氯蔗糖
新琪安	中国	2006	三氯蔗糖
盐城捷康	中国	2006	三氯蔗糖
莱茵生物	中国	2000	罗汉果甜苷、甜菊糖苷
常海食品	中国	2003	三氯蔗糖、阿斯巴甜、安赛蜜、甜菊糖苷
百龙创园	中国	2005	糖醇系列
Nutrinova	德国	1997	安赛蜜
Heartland Food Products Group	美国	1995	SPLENDA 甜味剂
唐和唐	中国	2008	木糖醇
东晓生物	中国	2004	山梨糖醇、赤藓糖醇、麦芽糖醇
华诚生物	中国	2008	罗汉果甜苷
Hermes Sweeteners	瑞士	1904	三氯蔗糖、甜蜜素 拥有3个品牌产品：Hermesetas、SteviaSweet、Assugrin
HSWT（HYET Sweet）	法国	1991	阿斯巴甜
三元生物	中国	2007	赤藓糖醇
山东圣香远	中国	2010	甜菊糖苷
Gulshan Polyols	印度	2000	山梨糖醇
杜邦营养与健康	美国	1985	木糖醇
巨邦制药	中国	2001	三氯蔗糖

续表 2-3

公司简称	国家	成立时间	甜味剂榜单相关业务
圣仁制药	中国	1995	甜菊糖苷
三和维信	中国	2012	三氯蔗糖
光辉食品	中国	2003	阿斯巴甜
Sunwin Stevia	美国	1987	甜菊糖苷
广业清怡	中国	2005	三氯蔗糖、阿斯巴甜、甜菊糖苷
科宏生物	中国	2008	三氯蔗糖
纽特（NutraSweet）	美国	1985	纽甜
晨光生物	中国	2000	甜菊糖苷
华仙甜菊	中国	2000	甜菊糖苷
GLG LIFE TECH	加拿大	1998	甜菊糖苷
盈嘉合生	中国	2015	INGIA 甜菊糖（甜菊糖甜味剂）
奔月生物	中国	2014	纽甜、罗汉果甜苷、阿斯巴甜
海林甜菊糖	中国	2007	甜菊糖苷
兴化格林	中国	2005	甜菊糖苷等

▶ 2.2　甜味剂监管政策分析

甜味剂作为食品添加剂应用于食品工业时，必须严格遵守世界各国家和地区的食品添加剂相关法规和标准监管规定。目前，中国、美国、欧盟、国际食品法典委员会等世界重要经济体和国际组织都通过法规或标准对甜味剂作为食品添加剂的使用设定了规范要求，如表 2-4 所示。

表 2-4　涉及甜味剂的相关标准和法规

标准/法规号	标准/法规名称	国家/地区/组织	类型	状态
CODEXSTAN 1992—1995	食品添加剂通用法典标准[7]	国际食品法典委员会	标准	现行有效
GB 2760—2024	食品安全国家标准　食品添加剂使用标准[8]	中国	标准	现行有效
（EC）No. 1333/2008	欧盟议会和理事会法规2008 年 12 月 16 日食品添加剂[9]	欧盟	技术法规	现行有效
21U. S. Code of Federal Regulations	美国联邦法典[10]	美国	技术法规	现行有效
12/2018	澳门特别行政区第 12/2018 号行政法规[11]	澳门	行政法规	现行有效
C. R. C. , c. 870	加拿大食品药品条例[12]	加拿大	技术法规	现行有效
Food Standards Code Schedule8、Schedule15	澳大利亚新西兰食品标准法典[13]	澳大利亚	标准	现行有效
第 9 版	日本食品添加剂公定书[14]	日本	技术法规	现行有效

2.2.1　世界重要经济体和国际组织的政策法规

2.2.1.1　国内政策法规

（1）中国内地（大陆）

根据《中华人民共和国食品安全法》相关规定,中国食品添加剂国家标准的构成主要分为食品添加剂使用标准,食品添加剂品种标准,生产规范、预包装食品标签通则、食品安全性毒理学评价程序及方法标准,食品中食品添加剂检测方法标准。甜味剂在食品工业中作为食品添加剂使用时,必须严格遵守国家食品安全法规及食品安全国家标准的相关要求[15]。

GB 2760—2024《食品安全国家标准　食品添加剂使用标准》代替了 GB 2760—2014《食品安全国家标准　食品添加剂使用标准》,于 2024 年 2 月 8 日发布,2025 年2 月 8 日正式实施。该标准规定了食品添加剂的使用原则、允许使用的食品添加剂品种、使用范围及最大使用量或残留量,是规范中国食品添加剂使用最重要的食品安全国家标准。允许使用的甜味剂包括:纽甜、甘草酸铵、甘草酸一钾、甘草酸三钾、环己基氨基磺酸钠、环己基氨基磺酸钙、麦芽糖醇、麦芽糖醇液、三氯蔗糖、山梨糖醇、山梨糖醇液、索马甜、糖精钠、阿力甜、阿斯巴甜、甜菊糖苷、乙酰磺胺酸钾、天门冬酰苯丙氨酸甲酯乙酰磺胺酸、异麦芽酮糖、D-甘露糖醇、赤藓糖醇、罗汉果甜苷、木糖醇、乳糖醇、爱德万甜[8]。

（2）中国香港

《香港法例》第 132U 章为食物内甜味剂规例。中国香港规定甜味剂指任何带甜味的化学物,但不包括糖或其他碳水化学物或多羟醇。允许使用的甜味剂包括:醋酸内酯钾、缩二氮酸基酰胺、天冬酰胺、天冬酰胺-醋酸内酯盐、环己基氨基磺酸(环己基氨基磺酸钠、环己基氨基磺酸钾、环己基氨基磺酸钙)、糖精(糖精钾、糖精钙、糖精钠）、三氯蔗糖、索马甜。香港食物环境卫生署和食物安全中心宣布《2010年食物内甜味剂（修订）规例》于2010年5月20日刊于宪报（2010年第61号法律公告），并获立法会通过。修订规例已于2010年8月1日生效，新增纽甜和甜菊醇糖苷作为可准许甜味剂名单中[16]。

（3）中国台湾

中国台湾颁发的《食品添加物使用范围及限量暨规格标准》中，第11类为调味剂，列表规定了各类调味剂（酸味剂、鲜味剂和甜味剂）使用范围及限量，没有列入表中的食品不得使用该类食品添加物。其中甜味剂包括：D-山梨醇、D-山梨醇液（70% D-Sorbitol）、L-天门冬酸钠、D-木糖醇、甘草素、甘草酸钠、D-甘露醇、糖精、糖精钠、环己基（代）磺酰胺酸钠、环己基（代）磺酰胺酸钙、阿斯巴甜、甜菊糖苷、甘草萃、醋磺内酯钾、甘草酸铵、甘草酸一铵、麦芽糖醇、麦芽糖醇浆（氢化葡萄糖糖浆）、异麦芽酮糖醇（巴糖醇）、乳糖醇、单尿甘酸甘草酸、索马甜、赤藓糖醇和纽甜[17]。

（4）中国澳门

澳门特别行政区第5/2024号行政法规《食品中食品添加剂使用标准》给出了食品中甜味剂的使用标准，以指导和规范食品生产经营者对甜味剂的使用，避免其在食品中使用或添加未通过安全评估的物质。在制定相关标准过程中，特区政府综合考虑国际上及本地的实际情况，亦充分考虑了主要来源地的标准、中华人民共和国食品安全国家标准及邻近地区的标准，并结合澳门市场食品中甜味剂含量的监测结果。法规给出了标准的甜味剂品种、允许使用甜味剂的食品类别及其最大使用量，以及使用时应符合的条件。允许使用的甜味剂有乙酰磺胺酸钾、阿斯巴甜、环己基氨基磺酸盐、糖精及其钙盐、钠盐和钾盐、蔗糖素、甘草酸铵、甘草酸一钾、甘草酸三钾、阿力甜、甜菊糖苷、纽甜、阿斯巴甜-乙酰磺胺酸盐、山梨糖醇、山梨糖醇液、D-甘露糖醇、异麦芽糖醇、索马甜、聚葡萄糖醇液、麦芽糖醇和麦芽糖醇液、乳糖醇、木糖醇、赤藓糖醇、爱德万甜[11]。

2.2.1.2　国外标准法规

（1）国际食品法典委员会

国际食品法典委员会（Codex Alimentarius Commission，CAC）是联合国粮食及农业组织（FAO）和世界卫生组织（WHO）于 1963 年联合设立的政府间国际组织，专门负责协调政府间的食品标准，建立一套国际通行和认可的食品国际标准体系。由 CAC 组织制定的食品标准、准则和建议称为国际食品法典（Codex）或 CAC 食品标准。它是国际公认的、由委员会采纳并以一种统一形式提出的国际食品标准汇集。CAC 食品标准体系结构采用横向的通用原则标准和纵向特定商品标准相结合的网格状结构。其中横向的通用标准包括食品卫生（包括卫生操作规范）、食品添加剂、农药残留、兽药残留、污染物、标签及其说明，以及分析和取样方法等方面的规定。纵向的产品标准涉及水果、蔬菜、肉和肉制品、鱼和鱼制品、谷物及其制品、豆类及其制品、植物蛋白、油脂及制品、婴儿配方食品、糖、可可制品、巧克力、果汁及瓶装、食用冰 14 类产品。

CAC 标准中涉及甜味剂使用要求的标准主要为 CODEX STAN 192—1995《食品添加剂通用法典标准》。该标准是针对食品添加剂专门制定的通用法典标准，其颁布于 1995 年，历经多次修订，目前最新为 2024 版。该标准对食品添加剂的使用一般原则、添加剂的用途以及添加剂最大允许使用量进行了规范要求。CAC 允许使用的甜味剂包括阿力甜、阿斯巴甜、环己基氨基磺酸盐（环己基氨基磺酸、环己基氨基磺酸钙、环己基氨基磺酸钠）、纽甜、三氯蔗糖、糖精（糖精钙、糖精钾、糖精钠）、赤藓糖醇、麦芽糖醇、麦芽糖醇液、甘露醇、木糖醇、乳糖醇、山梨糖醇、山梨糖醇液、索马甜、异麦芽糖醇、乙酰磺胺酸钾。CAC 禁止使用甘素[7]。

（2）欧盟

欧盟食品添加剂的使用原则是食品中只能含有欧盟允许使用的食品添加剂和成员国允许使用的香料，即使用食品添加剂必须符合欧盟的相关规定和一般卫生法规的要求。欧盟食品添加剂立法采取"混合体系",即通过科学评价和协商,制定出能为全体成员国接受的食品添加剂法规,以肯定的形式公布允许使用的食品添加剂名单、使用特定条件及在某类食品中的最高限量等。

欧盟技术法规中涉及食品添加剂使用要求的法规主要为(EC)第1333/2008号条例。该法规于2008年12月16日经欧洲议会和欧盟理事会通过,并于2010年1月20日实施。将所有现有的甜味剂和食品添加剂授权合并为一个单一的法律文本。欧盟食品添加剂法规主要内容共包括五个附件,其中附件一列出了欧盟食品添加剂的功能分类,附件二列出了允许使用的食品添加剂清单和使用条件,附件三列出了用于食品添加剂、食品酶制剂、食品调味料和营养素中的食品添加剂清单和使用条件,附件四列出了某些成员国禁止使用某些种类食品添加剂的传统食品,附件五列出了要求在食品标识中需要包括附加信息的食用着色剂名单。2011年11月12日,欧盟发布了食品添加剂欧盟委员会法规(EU)第1129/2011号条例和(EU)第1130/2011号条例,旨在修订法规(EC)第1333/2008号条例的附件二和附件三,将原来分散在单独指令中的关于色素、甜味剂和其他食品添加剂的E编码、使用限量和条件进行重新归纳整理,以更加便于查询。目前,欧盟授权以下可使用的甜味剂:赤藓糖醇、甘露醇、木糖醇、山梨糖醇、山梨糖醇浆、异麦芽糖醇、乙酰磺胺酸钾、阿斯巴甜、环己基氨基磺酸(环己基氨基磺酸钠、环己基氨基磺酸钙)、糖精(糖精钠、糖精钾、糖精钙)、索马甜、新橘皮苷、阿斯巴甜乙酰磺胺酸盐、三氯蔗糖、纽甜、氢化葡萄糖浆、麦芽糖醇、乳糖醇、木糖醇[18]。在欧洲食品安全局(European Food Safety Authority,EFSA)的赞成意见下,甜菊衍生物、甜菊糖苷的使用最终被批准为整个欧洲市场的天然无热量甜味剂。它们可以用作食品添加剂,从而为甜味食品提供健康和天然的替代品,特别是对于糖尿病患者或希望健康的人,例如为控制体重而设计的调味饮料或减肥食品。欧洲议会和理事会对(EC)第1333/2008号条例的附件Ⅱ进行了修订,引入了2011年11月11日关于甜菊糖苷(E960)的(EU)第1131/2011号条例,并限制了不同食品和饮料中甜味剂的使用(软饮料、发酵乳制品、调味冰激凌、餐桌甜味剂、用于控制体重的减肥产品）。2014 年 5 月 15 日,欧盟发布(EU)第 497/2014 号条例,修订关于食品添加剂的法规(EC)第 1333/2008 号条例和(EU)第 231/2012 号条例附件中有关爱德万甜作为甜味剂使用的规定。欧盟专家组通过对爱德万甜的稳定性、降解产物、毒性以及暴露风险进行评估,将爱德万甜的每日容许摄入量(acceptable daily intake,ADI)拟定为 5 mg/(kg BW · d)。

甜味剂的安全性由国家当局、欧盟食品科学委员会和粮农组织/世界卫生组织食品添加剂联合专家委员会进行评估。从 1974 年到 2003 年,欧盟食品科学委员会对其负责,这一年它成为欧洲食品安全局(EFSA)的职责。在 EFSA 内,食品添加剂和营养来源科学小组目前负责监管这些物质[18]。

(3)美国

美国 1958 年通过的《联邦食品、药品和化妆品法》食品添加剂补充法案豁免了两类物质的审批程序。第一类是所有 1958 年之前经美国食品药品管理局(FDA)或美国农业部确定为安全的物质,即前批准物质;第二类是通常认为安全的物质(generally recognized as safe,GRAS)。GRAS 是根据 1958 年以前食品中广泛使用的历史或者发表的科学文献依据,专家组认定其使用安全的物质。美国关于食品添加剂的监管要求在《美国联邦法规》(Code of Federal Regulations,CFR)第 21 章(21CFR)73、74、170~178、180、182、184、和 186 款中,详细规定了添加剂的定义、分类、使用范围、使用量等要求。21CFR 170 款中规定:食品添加剂包括所有未被《联邦食品、药品和化妆品法》201(S)豁免的、具有明确或有理由认为合理的预期用途的,直接或间接地成为食品的一种成分,或者影响食品特征的所有物质。包括用于生产食品的容器和包装物的材料,直接或间接地成为被包装在容器中的食品成分,并影响其特征的所有物质。"影响食品特征"不包括物理影响,如果包装物的成分没有从包装物迁移到食品中,它不会成为食品的成分,则不属于食品添加剂。某种不会成为食品成分的物质,但在食品加工中使用,如在制备某一种食品配料时,能赋予食品不同香气、组织或其他食品特征者,可能属于食品添加剂。

美国将食品添加剂分为直接食品添加剂、次级直接食品添加剂和间接食品添加剂。直接食品添加剂也就是我们常规意义上的食品添加剂,如食品防腐剂、被膜剂、营养强化剂、抗结剂、pH 调节剂、抗结剂、香料及相关物质、胶基及配料等。21CFR Part 172 中规定了直接食品添加剂的质量规格标准、允许使用的食品范围及使用量、为保证食品添加剂安全使用应注意的事项等。美国根据相对蔗糖热值差值分为营养性甜味剂和非营养性甜味剂。21CFR"食品和药品"中的不同部分列出了甜味剂。CFR 以每种添加剂为一小节,对规格标准、使用规定以及标签标识提出了要求。21CFR 172 款已批准的直接用于人类食品的甜味剂,D 分部特殊膳食和食品添加剂——木糖醇,用于特殊膳食食品,达到规定的效果即可;H 分部多用途食品添加剂——乙酰磺胺酸钾、阿斯巴甜、纽甜、三氯蔗糖、爱德万甜;在 21CFR 180 款列出了有待进一步研究、临时允许在食品中使用的甜味剂——甘露醇、糖精、糖精铵、糖精钙和糖精钠;在 21CFR 184 款列出了已确认为一般公认安全的(GRAS)可直接加入食品中的物质——麦芽糖浆(麦芽提取物)、山梨糖醇、蔗糖、玉米糖(D-葡萄糖)、转化糖、玉米糖浆、果葡糖浆、甘草及其衍生物[10]。CFR 189 款禁止使用的有甜蜜素及其衍生物和甘素。除了联邦法规规定,美国食品药品监督管理局(FDA)自 1958 年以来对阿斯巴甜的安全性进行了评估,并在美国批准了 7 种高强度甜味剂,属于普遍认为"食用安全"的类别:安赛蜜 K、阿斯巴甜、三氯蔗糖、阿斯巴甜、纽甜、罗汉果提取物(含25%、45%、55% 的罗汉果苷 V)以及从甜菊叶中分离得到的甜菊糖苷(纯度≥95%)[19]。

各国或地区、组织允许使用的甜味剂名单对照表见表 2-5。

表 2-5　各国或地区、组织允许使用的甜味剂名单对照表

名称	中国				CAC	美国	欧盟
	内地（大陆）	香港	澳门	台湾			
D-甘露醇	●		●		●	●	
D-木糖醇				●			
木糖醇	●		●		●	●	●
安赛蜜	●		●		●	●	●
山梨糖醇		●	●	●		●	●
阿力甜	●	●	●		●		
阿斯巴甜	●	●	●	●	●	●	●
阿斯巴甜-乙酰磺胺酸盐		●					●
赤藓糖醇	●		●	●	●		●
甘草	●						
甘草酸铵	●			●			
甘草酸二钠							
甘草酸三钾	●						
甘草酸三钠				●			
甘草酸一铵				●			
甘草酸一钾	●						
甘草酸提取物				●			
甘草甜素				●			
高果糖糖浆						●	
环己基氨基磺酸		●					●

续表2-5

名称	中国				CAC	美国	欧盟
	内地（大陆）	香港	澳门	台湾			
环己基氨基磺酸钙	●	●		●	●	●	●
环己基氨基磺酸钾		●			●		
环己基氨基磺酸钠	●	●	●	●	●		●
罗汉果甜苷	●						
麦芽糖醇	●		●	●	●		●
麦芽糖醇糖浆			●	●	●		●
麦芽糖浆						●	
纽甜	●		●	●	●	●	●
乳糖醇	●		●	●	●		●
三氯蔗糖	●	●	●	●	●	●	●
山梨糖醇液	●			●	●		●
索马甜	●	●	●	●	●		●
糖精		●	●	●	●	●	●
糖精钠			●		●		
糖精钙		●	●	●		●	●
糖精钾		●	●		●		●
糖精铵	●	●		●		●	●
醋磺内酯钾		●		●			
缩二氮酸基酰胺		●					
天冬酰胺		●					

续表 2-5

名称	中国				CAC	美国	欧盟
	内地（大陆）	香港	澳门	台湾			
天冬酰胺-醋磺内酯盐		●					
聚葡萄糖浆			●				
单尿苷酸甘草酸				●			
D-葡萄糖						●	
天冬氨酸一钠				●		●	
甜菊糖苷	●		●	●			
新橙皮苷二氢查尔酮							●
异麦芽糖醇			●	●	●	●	●
异麦芽酮糖	●						
爱德万甜	●					●	●
转化糖						●	

目前，国际以及各国禁止在食品领域中使用的甜味剂如下：

CAC：对苯乙基脲（甘素）[7]。

美国：环己基氨基磺酸盐及其衍生物、甜蜜素[10]。

日本：甜蜜素、环己基氨基磺酸钙、环己基氨基磺酸钠、甘草酸三钠[14]。

2.2.2　各国或组织甜味剂许可使用范围、使用量及每日容许摄入量

各国或组织的标准或法规中都对甜味剂的许可使用范围和使用量进行了规定，不同标准或法规对不同食品中的甜味剂的约束均不同，表 2-6 中总结了 CAC、欧

盟、美国、中国等对主要甜味剂下游产品(包括饮料、糖果、面包、调味品)中甜味剂的使用限量,总体来看,美国对三氯蔗糖、阿斯巴甜、安赛蜜和赤藓糖醇的限制较为宽泛,CAC、中国和欧盟对人工甜味剂有明确的使用限量,而对糖醇类甜味剂赤藓糖醇的使用仅作适量管理。

表2-6　各国或组织甜味剂食品中允许使用范围和使用限量　　　　单位:mg/kg

甜味剂	食品类型	CAC	欧盟	美国	中国
三氯蔗糖	饮料	300	300	适量	250
	糖果	1800	3000	适量	1500
	面包	650	1000	适量	250
	调味品	700	450	适量	250
阿斯巴甜	饮料	600	600	适量	1000
	糖果	3000	5500	适量	3000
	面包	1700	1000	5000	4000
	调味品	2000	350	适量	2000
安赛蜜	饮料	350	350	适量	300
	糖果	1000	2000	适量	2000
	面包	1000	500	适量	300
	调味品	2000	350	适量	500
甜蜜素	饮料	250	250	禁止使用	650
	糖果	500	1500	禁止使用	650
	面包	1600	500	禁止使用	650
	调味品	/	/	禁止使用	650

甜味剂	食品类型	CAC	欧盟	美国	中国
赤藓糖醇	饮料	适量	适量	适量	适量
	糖果	适量	适量	适量	适量
	面包	适量	适量	适量	适量
	调味品	适量	适量	适量	适量

表 2-7 列出了美国、欧盟、JECFA 对甜味剂的 ADI。总体来看,对大多数人工甜味剂均有每日容许摄入量的限制,而对大部分天然甜味剂的每日容许摄入量未作规定或有较为宽泛的限制范围。

表 2-7　甜味剂的 ADI[20-22]

种类	名称	ADI/$(mg \cdot kg^{-1} \cdot d^{-1})$		
		美国	欧盟	JECFA
人工甜味剂	安赛蜜	15	15	15
	阿力甜	NA	NA	1
	阿斯巴甜	50	40	40
	纽甜	0.3	2	2
	爱德万甜	32.8	5	5
	甜蜜素	NA	11	11
	糖精	15	5	5
	三氯蔗糖	5	5	15

续表 2-7

种类	名称	ADI/（mg·kg⁻¹·d⁻¹）		
		美国	欧盟	JECFA
天然甜味剂	甘露醇	35	NS	NS
	木糖醇	<1000	NS	NS
	赤藓糖醇	<1000	NS	NS
	山梨糖醇	<1000	NS	NS
	甜菊糖苷	2	4	4
	新橙皮苷二氢查尔酮	NS	4	NS
	索马甜	NS	50	NS

注：NA—不允许使用；NS—未规定；JECFA—联合国粮农组织和世界卫生组织食品添加剂联合专家委员会。

参考文献

[1] 观研报告网. 中国甜味剂行业现状深度调研与发展趋势预测报告（2022—2029年）[EB/OL].（2022-02-28）[2023-05-11]. https://www.chinabaogao.com/baogao/202202/576872.html.

[2] United states securities and exchange commission. Annual report pursuant to section 13 or 15（d）of the securities exchange act of 1934（the cocacola company）[EB/OL].（2018-06-04）[2023-05-11]. https://investor.ni.com/static-files/48cf3604-5427-4eae-bc9c-36484cfd0cce.

[3] 常炯炯, 雍凌, 肖潇, 等. 我国食品甜味剂联合使用情况及累积风险评估[J]. 毒理学杂志, 2021, 35（3）: 184-192.

[4]王城,李冬阳.《健康中国饮料食品减糖行动白皮书(2021)》发布[N].中国食品安全报,2021-09-09(B01).

[5]陆婉瑶,赵芸,张思聪,等.食糖与代糖的博弈及发展趋势分析[J].甘蔗糖业,2021,50(3):80-93+3.

[6]Food Talks.重磅 2021 年 FoodTalks 全球甜味剂企业 50 强出炉![EB/OL].(2021-04-12)[2023-05-11].https://www.foodtalks.cn/news/5646.

[7]Joint FAO/WHO Expert Committee on Food Additives. CODEX STAN 192-1995 General standard for food additives[S].

[8]国家卫生健康委员会,国家市场监督管理总局.食品安全国家标准 食品添加剂使用标准:GB 2760—2024[S].北京:中国标准出版社,2024.

[9]European Parliament and of the Council. Regulation (EC) No 1333/2008 of the European parliament and of the council of 16 December 2008 on food additives[EB/OL].(2016-08-18)[2023-05-11].http://eur-lex.europa.eu/legal-content/EN/TXT/ qid=1482392582136&uri=CELEX:02008R1334-20160818.

[10]United States Congress. Code of federal regulations[EB/OL].(2023-05-04)[2023-05-11].https://www.ecfr.gov/current/title-21.

[11]澳门特区立法会.澳门特别行政区行政法规食品中甜味剂使用标准.第 12/2018 号行政长官批示[EB/OL].(2018-06-04)[2023-05-11].

[12]The Canadian Food Inspection Agency. Division 16:Food Additives,Food and Drug Regulations[EB/OL].(2023-02-15)[2023-05-11].http://laws-lois.justice.gc.ca/eng/regulations/C.R.C.%2C_c._870/page-69.html#h-110.

[13]Food Standards Australia New Zealand. Australia New Zealand Food Standards Code[EB/OL].(2023-01-16)[2023-05-11].https://www.legislation.gov.au/Details/F2016C00194.

[14]日本厚生劳动省.Standards for Use of Food Additives[EB/OL].(2022-07-

22）［2023 – 05 – 11］. https：//www. ffcr. or. jp/en/tenka/standards – for – use/ standards–for–use–of–food–additives. html.

［15］全国人民代表大会常务委员会. 中华人民共和国食品安全法［EB/OL］.（2021 – 04 – 29）［2023 – 05 – 11］. https://flk. npc. gov. cn/detail2. html ZmY4MDgxODE3YWIyMmUwYzAxN2FiZDhkODVhMjA1ZjE.

［16］香港律政司. 食物内甜味剂规例（第 132 章，附属法例 U）［EB/OL］.（2019–09– 19）［2023–05–11］.

［17］台湾卫福部食药署. 食品添加物使用范围及限量暨规格标准［EB/OL］.（2008– 11–20）［2023–05–11］.

［18］MORTENSEN A. Sweeteners permitted in the European union：Safety aspects［J］. Scandinavian Journal of Food and Nutrition，2006，50（3）：104–116.

［19］Food and Drug Administration. Additional information about high–intensity sweeteners permitted for use in food in the united states.［EB/OL］.（2018–02–08）［2023–05– 11］. https：//www. fda. gov/food/food–additives–petitions/additional–information– about–high–intensity–sweeteners–permitted–use–food–united–states.

［20］RUIZ–OJEDA F J，PLAZA–DÍAZ J，SÁEZ–LARA M J，et al. Effects of sweeteners on the gut microbiota：A review of experimental studies and clinical trials［J］. Advances in Nutrition，2019，10：S31–S48.

［21］DI RIENZI S C，BRITTON R A. Adaptation of the gut microbiota to modern dietary sugars and sweeteners［J］. Advances in Nutrition，2020，11（3）：616–629.

［22］Joint FAO/WHO Expert Committee on Food Additives.［DB/OL］. 2005.［2023–05– 11］. https：//www. fao. org/food/food–safety–quality/scientific–advice/jecfa/jecfa– additives/en/.

　　甜味产生的生物学基础是甜味分子与甜味受体的相互作用,目前甜味受体研究与计算模拟技术的结合,使基于甜味受体的新型甜味剂的理性高效开发逐步成为可能。另外,研究者发现尽管现有甜味剂能够提供类似于糖类的风味感受和远高于糖类的甜味强度,但仍不能完全替代糖类所带来的满足感,一定时程下表现出与糖类显著差异的行为偏好影响能力,该现象深层生物学机制的明确,对于完善甜味剂的功能评估体系和指导甜味剂的创新发展具有十分重要的意义。同时,人体内微生物的变化与机体健康密切相关,肠道菌群在人体的微生物系统中充当着重要的角色,与多种人体疾病密切相关,甜味剂对肠道菌群的影响应当作为重要指标纳入甜味剂创新发展和功能评估体系。本章围绕甜味受体、肠-脑轴效应和肠道菌群三个方面的相关研究进行了系统梳理,旨在为甜味剂的创新发展方向提供参考。

3.1　甜味受体和新型甜味剂开发

3.1.1　甜味产生机制的早期研究

　　人们很早就对甜味物质如何引起甜味觉产生了浓厚兴趣。1914 年,George Cohn

首次对甜味化合物的构效关系进行了总结,指出在有甜味的化合物中羟基和氨基常成对出现[1]。几年后,Oertiy 和 Myear 在研究大量甜味化合物分子结构的基础上提出甜味物质有生甜团(glucophore)和助甜团[1]。然而,这仅是人们对甜味物质化学结构的初步认识,普适性有限,很多具有类似结构特征的化合物并没有甜味。1967 年,R. S. Shallenberger 提出甜味 AH-B 系统理论,认为甜味产生是甜味分子与甜味受体通过两个氢键结合作用的结果。然而,AH-B 系统理论在普适性方面仍具有明显的局限[2]。1972 年,Kier 在 AH-B 系统理论的基础上提出著名的 AH-B-X 甜味三点结合理论,认为除了两个氢键的作用外,还需要一个疏水键的相互作用产生甜味[2],更加详细地描述了甜味分子与受体结合的作用靶点[3]。1991 年,Tinti 和 Nofre 根据高强度甜味化合物的构效关系推导出一种新的甜味分子模型,该模型假定甜味受体中存在八个识别位点,其中两个位点的同时结合可以产生甜味反应,但四个位点的相互作用是诱发甜味活动所必需的[4]。多位点结合理论首次以空间位点作用的概念代替了疏水作用的概念,尽管此模型成功地用于揭示许多属于不同类别化合物的甜味,然而,该模型不能刻画所有甜味化合物的结构特征。此外,该模型对甜味化合物的模拟是定性的,不能反映甜味化合物甜度的大小等性质。

此后,Bassoli 在 2002 年通过虚拟受体模型研究甜味化合物与受体的可逆性结合,提出甜味化合物与受体相互之间可能形成一定的氢键、离子键、疏水作用等,并按照一定的方式排列才能产生甜味。该模型比之前的模型有了很大的进步,但仍然不能完全揭示甜味化合物与甜味受体之间的作用机制[5]。直到 21 世纪初,随着甜味受体的发现,人类对甜味产生机制的认识才有了跨越性的发展。

3.1.2 甜味受体相关研究

3.1.2.1 甜味受体基因

1999 年,Hoon 等对小鼠舌面味觉细胞进行 cDNA 文库测序时发现了 T1R1 基因,该基因选择性地在味觉细胞中表达,并且通过使用编码 T1R1、钙敏感受体 (CaSR)和代谢型谷氨酸受体(mGLuRs)基本序列的简并引物对单个轮廓味蕾 cDNA 文库进行扩增而分离鉴定出 T1R2[6]。2001 年,美国西奈山医学院的 Robert 研究小组、哈佛大学医学院的 Linda 研究小组、美国国家聋哑医学院 Susan 研究小组、Monell 嗅觉味觉中心的 Gary 研究小组在人类第 4 对染色体上鉴定出了一个与感觉甜味有关的基因,通过对转基因小鼠遗传操作敲除小鼠染色体上的这段基因,随后的生理学和味觉测试表明小鼠丧失了对多种甜味剂的反应。重新将这段基因转入小鼠染色体,小鼠又恢复了对甜味剂的感知。这充分证明,这段基因编码的蛋白是感受甜味的受体蛋白之一,由这种基因编码的蛋白序列也表明此蛋白属于 G 蛋白偶联受体(G protein-coupled receptor,GPCR)的 C 亚型,可以将甜味信号传递到甜味受体细胞。该基因被命名为 T1R3,是第一个明确的甜味受体基因[6-10]。如图 3-1 所示为鉴定出的 T1R3 甜味受体在染色体上的定位。

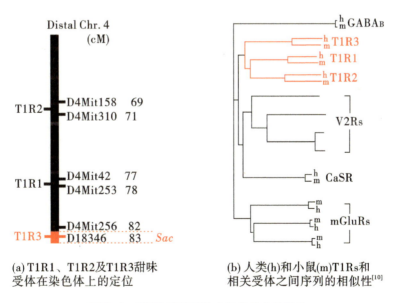

(a) T1R1、T1R2及T1R3甜味
受体在染色体上的定位

(b) 人类(h)和小鼠(m)T1Rs和
相关受体之间序列的相似性[10]

图 3-1　T1R3 甜味受体在染色体上的定位

T1R2 在甜味受体的功能发挥上也起着不可或缺的作用,通过受体激活实验发现,T1R3 要在 T1R2 存在的情况下才能够与绝大多数甜味成分产生作用[9-10],单独一

种受体仅是糖的低亲和力受体。通过动物行为学研究也发现，T1R2 或 T1R3 基因单敲除的小鼠在水和人工甜味成分之间并没有表现明显的行为偏好[8,11-12]，其后发现 T1R2 和 T1R3 组成的异源二聚体才是甜味成分的高亲和力受体[13]。不同物种的甜味受体 T1R2 与 T1R3 对甜味成分的亲和力有所不同[9]，如小鼠喜欢糖精、安赛蜜、三氯蔗糖和甘草甜素[7,14]，但感觉不到一些人工甜味剂（如甜蜜素、阿力甜、阿斯巴甜[15-16]），而大鼠的甜味受体对三氯蔗糖反应强烈[9]，但对甘草甜素反应并不强烈。甜味受体的发现揭开了人类研究甜味感受机制的新篇章，为人类从新的角度研究甜味产生机制、开发新型甜味剂提供更加直接的实验基础及理论证据。

甜味受体 T1R2 和 T1R3 与所有的 GPCR 一样，具有共同的基本结构特征：七个螺旋组成的跨膜结构域（三个胞内环、三个胞外环和一个胞内羧基端）、N 端胞外结构域和 C 端胞内结构域。C 类 GPCR 和其他 GPCR 的区别在于它有一个大的胞外氨基末端结构域，包含一个维纳斯捕蝇草结构（VFTM）[17]，通过富含半胱氨酸的结构域与七次跨膜结构域相连[18-21]，T1R2 和 T1R3 以异源二聚体的形式存在，二者以非共价键结合[22-23]。甜味受体 T1R2 和 T1R3 肽链的 N 端位于细胞膜的外部，组成配体的识别结构域[24]。

在味觉细胞内，T1R2 不能单独表达，但它介导部分甜味剂的感知，T1R2 通过胞外 N 端区可以与阿斯巴甜、莫内林等甜味剂结合[25]。目前研究表明，甜味受体 T1R2/T1R3 具有多个结合位点[26-27]，从而可以对应识别不同结构的甜味物质，这就解释了为什么甜味物质的结构差异很大却都可以被识别。目前研究已经确定能够与甜味剂结合的位点至少有四个[22,28-30]。三氯蔗糖、二肽甜味剂（阿斯巴甜、阿力甜和纽甜）和 SC45647 能够与 T1R2 的维纳斯捕蝇草结构的空穴相结合从而激活受体[9-10]。T1R3 的横跨膜区域存在着一些甜味配体的重叠结合位点，这些位点位于横跨膜区靠近膜外的内螺旋空间内部。T1R3 的半胱氨酸富集区域和 T1R2 的 VFTM 区域能够结合甜味蛋白，如 brazzein 和 monellin 等[31-33]。

3.1.2.2　甜味信号转导机制

人类可以识别甜、酸、苦、咸和鲜五种基本味觉,近年来随着味觉越来越引起人们的重视,研究者通过分子生物学和生物化学等手段深入解析了五种基本味觉识别的信号转导机制,而甜味作为人类最感兴趣的味觉之一,尤其受到关注。

甜味由表达在Ⅱ型味觉细胞上的 T1R2/T1R3 感知,与同样位于Ⅱ型味觉细胞上的苦味受体及鲜味受体拥有共同的下游成分,包括 G 蛋白、PLCβ2、IP3R3 和 TRPM5。当甜味物质与位于Ⅱ型味觉细胞顶端微绒毛上的受体作用时,甜味物质首先与 VFTM 结合,该部分蛋白构象发生变化后引起甜味受体构象随之改变,激活与之偶联的胞内 G 蛋白 α 亚基,导致 G 蛋白 β、γ 亚基分离,释放出来的 Gβ3 和 Gγ13 使磷脂酶 PLCβ2 发生异构化,激活磷脂酰肌醇-4,5-二磷酸[PI(4,5)β2],使其水解产生三磷酸肌醇(IP3)和二酯酰甘油(DAG),IP3 作用于细胞内质网上的 IP3R,从而导致胞内钙库(如内质网)膜上 IP3-门控 Ca^{2+} 通道打开,使钙库内 Ca^{2+} 释放,胞质内游离 Ca^{2+} 浓度上升,进而引发瞬时受体势离子通道 M 亚型 5(transient receptor potential melastatin 5,TRPM5)通道开放,Na^+ 内流,引起味觉细胞膜去极化和神经递质释放,进而作用于Ⅱ型味觉细胞周围的Ⅲ型细胞,从而进一步向下转导,最后通过神经突触激活将信号传入大脑使人感知到甜味[34-36]。

Gustducin 是一种味觉特异性 G 蛋白,是甜味信号转导中非常重要的味觉信号分子。多种脊椎动物的味觉细胞都能表达[38],哺乳动物中 30%~40% 的味觉细胞表达 gustducin。Gustducin 由三个亚基 α-gustducin、β3 和 γ13 组成[6,39]。对于 T1R2/T1R3 的研究发现,T1R2 与 gustducin 几乎不存在共表达,gustducin 主要与 T1R3 进行偶联。但是 T1R3 与 gustducin 的共表达状况却没有统一的解释。Amrein 等研究发现约有 2/3 的 T1R3 阳性味觉细胞与 gustducin 共表达[40],而双标记原位杂交的结果表明,轮廓状乳头中,只有 10%~20% 的 T1R3 阳性味觉细胞与 gustducin 共表达;但是 Kim 等发现,T1R2+T1R3 与 gustducin 在轮廓状乳头中几乎不共表达,而在菌状乳头中 T1R2+

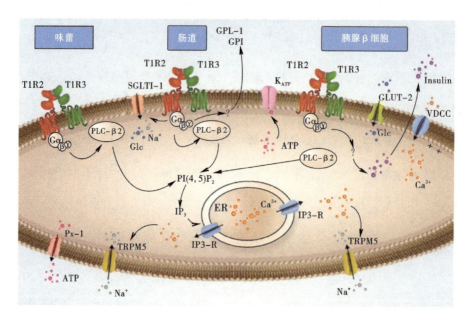

图 3-2　在味蕾Ⅱ型细胞、肠道和胰腺 β 细胞的信号传递[37]

T1R3 和 gustducin 共表达量高达 90% 以上[39]。甜味信号转导方面，大量电生理以及动物行为学研究表明，gustducin 基因敲除鼠对蔗糖和 SC45467 的响应减弱。而且敲除后，味觉神经对甜味物质的反应性也明显降低，说明 gustducin 参与了甜味信号的转导。

在甜味转导途径中另外两个非常重要的信号分子是磷脂酶 PLCβ 和瞬时受体势离子通道 TRPM5。PLCβ2 是磷脂激酶 C 的一个亚基。由 G 蛋白 β、γ 亚基调控，能引起胞内 Ca^{2+} 和 IP3 水平升高。TRPM5 在味觉受体细胞中选择性表达[41]，与 Gβ3、γ13、PLCβ2、IP3R3（inositol trisphosphate receptor 3）共表达[38,41-42]。电生理实验表明，TRPM5 是一个 Ca^{2+} 激活阳离子通道[43]。它在 GPCR-Gβγ-PLCβ2-IP3 途径中的作用可能是使味觉受体细胞去极化，释放神经递质。另外一些研究表明了 PLCβ2 和 TRPM5 在甜味转导中的分布与作用，免疫荧光共定位和原位杂交实验证实，在轮廓状、叶状、菌状乳头和上颚的味蕾中，所有 T1R 和 T2R 阳性细胞均共表达 PLCβ2 和 TRPM5。并且 PLCβ2 或 TRPM5 基因敲除小鼠的行为学及电生理实验表明，基因敲除型小鼠对甜味剂、氨基酸和苦味物质的反应完全消失，但对酸或咸味的反应没有影响。

3.1.3　模拟与甜味配体的设计

甜味受体被发现后,人们随即开始研究其三级结构。研究者利用 X 射线单晶体衍射法、核磁共振技术、冷冻电子显微镜技术[44-45]等不断尝试解析甜味受体的晶体结构,获得其蛋白结构信息。然而,甜味受体晶体结构的解析非常困难,一方面膜蛋白需要特定的脂质双分子层环境以保持其功能状态的构象,另一方面从哺乳动物中直接提取或异源表达甜味受体的产量很低,难以达到结晶条件要求。

随着人工智能的发展,计算模拟技术为各类学科问题提供了更简便快速的方法。目前,利用计算模拟技术研究者建立了根据氨基酸序列预测甜味受体结构信息的方法,为相关研究提供了良好基础[46-48]。由于几种代谢型谷氨酸受体(mGluR)结构与T1Rs 序列具有同源性,研究者以 mGluR 结构为模板[8,22,49],采用计算机软件同源建模构建虚拟甜味受体模型,对其空间结构进行分子模拟,通过使用不同模板和序列比对方式,建模得到不同的模型,进而使用拉氏图[50-51]、Verify 3D 打分、TM-score 评价受体模型的合理性,选择出其中评分最高的受体模型(图 3-3)。

基于甜味受体模型,通过分子对接能够实现对甜味受体与甜味分子相互作用关键氨基酸位点的预测[51,53-55]。利用关键氨基酸位点定向突变及功能分析,可以对分子建模计算的结果进行验证。通过这些技术手段,能够初步鉴别甜味受体与已知甜味分子结合的关键氨基酸残基,以及甜味分子在受体上的作用位点和区域。目前已经有多种甜味成分与甜味受体的作用位点见诸报道:甜蜜素[28]和新橙皮苷[56]可以作用于 T1R3 受体的跨膜结构域;蔗糖、三氯蔗糖、阿斯巴甜和纽甜[22,25,57]可以结合在T1R2 受体的 VFTM 结构域。

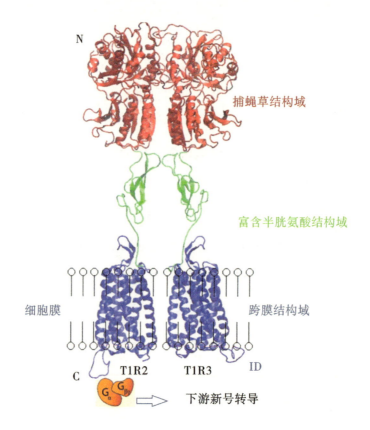

N

捕蝇草结构域

富含半胱氨酸结构域

细胞膜　　　　　　　　　　　跨膜结构域

C　　T1R2　　T1R3　　ID

下游新号转导

图 3-3　甜味受体 T1R2/T1R3 的模型结构示意[52]

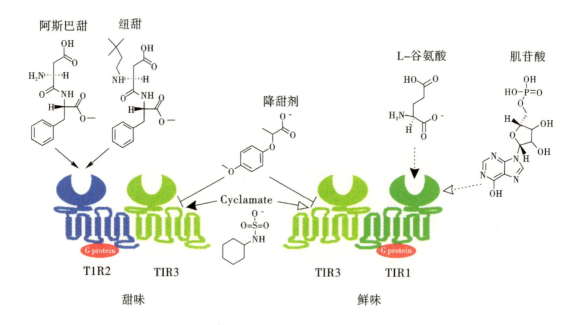

阿斯巴甜　　　纽甜　　　　　　　　　　　　　　　L-谷氨酸　　　肌苷酸

降甜剂

Cyclamate

T1R2　　TlR3　　　　　　　　TlR3　　TlR1

甜味　　　　　　　　　　　　鲜味

图 3-4　各种甜味分子与甜味受体相互作用[25]

分子对接和分子动力学模拟是两种常用的甜味分子与甜味受体相互作用模拟技术。在分子对接中,可以使用一定的算法和评分函数来预测甜味分子和虚拟甜味受体的结合方式和亲和力,进而判断分子之间相互作用的稳定性,预测不同甜味分子和甜味受体之间的相互作用能力,进而筛选出具有良好亲和力和甜味强度的甜味成分[53,58]。分子动力学模拟则可以用来模拟甜味分子在时间尺度上的运动和构象变化,主要用来解释甜味分子与甜味受体之间的作用模式、呈味机制,并为提高甜味分子甜味强度提供借鉴。目前计算模拟技术在甜味剂研究领域的应用主要集中在已知甜度的甜味剂与甜味受体间相互作用方面,或辅助筛选自然界潜在的甜味分子方面,而该技术在新型甜味剂开发方面尚未出现成功案例。

在药物研究领域,基于计算技术进行药物分子的设计已经是一项十分成熟的技术。计算机辅助药物设计(computer aided drug design,CADD)是目前最为常用的药物设计方法,已成功用于多种药物的设计开发,例如 HIV 蛋白酶抑制剂 Indinavir、阿尔兹海默病药物 E2020[59]、唾液酸酶抑制剂[60]等。CADD 基于计算技术来模拟药物和靶点受体间的相互作用,根据受体结构是否已知,分为基于受体的药物设计和基于配体的药物设计两类。

基于受体结构药物设计方法的前提是已知靶点受体的三维结构或结合位点,最常用的设计方法包括分子对接[61-64]和从头设计。与甜味分子和甜味受体之间的相互作用模拟相似,利用分子对接对药物分子与受体间通过空间和能量匹配方式进行识别,并对形成的分子复合物结构进行预测。与分子对接方法不同,从头设计根据受体靶点活性位点特征,产生一系列片段,然后将这些分子片段重新连接,生成新的配体分子,因此从头设计产生的配体可能是一个全新的化合物。

基于配体的药物设计方法是基于结构相似、化学属性相似的化合物分子可能具有相似的生物活性这一前提。因此,基于配体药物设计通常需要分析一系列已知的配体结构、理化性质和活性关系,建立公共的药效基团或定量构效关系模型,对数据库中化合物进行匹配叠合,进而获得与之结构或功能相似的分子,并预测新化合物的活性。应用最广泛的设计方法包括药效团模型方法和定量构效关系方法。当仅知道配体分子结构时,药效团模型方法通过计算已知活性配体分子的结构来获得公共药效团,然后将其作为提问结构,在化合物数据库中筛选,从而获得具有药物活性的化合物。近年来基于药效团模型的虚拟筛选方法[65-68]已成为药物创新最有效的方法之一。

设计新型味觉分子和新型药物研发的原理相似,都依赖于大量已有化合物数据库进行活性分子的筛选[69-70]。目前,基于药物设计思路在苦味受体激动剂的设计方面已取得了一些进展。Antonella 等采用基于结构的分子模型与实验数据相结合的方法设计出新型苦味受体 TAS2R14 激动剂,将同源建模和分子对接、化学合成和体外药理学实验结合起来,实现了使得 TAS2R 配体的设计(图 3–5)。Antonella 的研究结果证明,以结构为基础结合实验数据的配体设计是研究配体–受体相互作用和设计新型配体的有效方法[71]。这对基于结构的新型甜味剂开发具有指导意义。

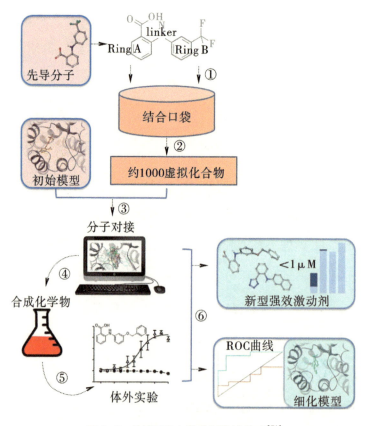

图 3–5　TAS2R11 激动剂设计策略[71]

3.2　糖类与甜味剂的肠–脑轴效应差异

3.2.1　糖类与甜味剂引发的动物行为偏好差异

大多数动物都会被甜味吸引,然而面对糖类和甜味剂,动物却展现出明显的选择倾向性。在甜味受体发现之前,研究者认为味觉系统可能是导致动物对糖类和甜味剂产生偏好差异的主要原因[72]。然而,在针对小鼠的味觉测试中发现,在蔗糖和非糖类甜味成分(甘氨酸或 L-丝氨酸)同时存在的条件下,小鼠表现出对蔗糖的明显偏好[73]。48 h 双瓶偏好实验结果也显示与 L-丝氨酸相比,小鼠消耗的葡萄糖更多[74]。在对蔗糖和三氯蔗糖的对比研究中也发现了小鼠对蔗糖的偏好,经过饥饿训练的小鼠随着时间推移,对蔗糖的取食次数明显增加[75]。虽然 8% 蔗糖溶液、0.3% 甜菊糖苷溶液、10 mmol/L 安赛蜜溶液、10 mmol/L 三氯蔗糖溶液和 10 mmol/L 阿斯巴甜溶液均能引起小鼠明显的甜味偏好,但是面对甜度相同的蔗糖和安赛蜜溶液时,相同时间内小鼠对蔗糖的消耗量显著高于安赛蜜[76]。这种对糖和甜味剂的显著偏好差异在 24 h 内即可出现,而 48 h 后小鼠几乎只选择糖溶液,从而出现完全的选择倾向性[77]。

进而有研究者推断,这种对糖类和非糖类甜味物质的行为偏好差异有可能来自不同成分与甜味受体结合能力的差异[73]。然而,甜味受体的发现以及甜味感知机制的相关研究成果推翻了这一假设[6-10]。人类感知甜味的能力由异源二聚体 T1R2/T1R3 介导,敲除 T1R3 能够去除小鼠感知甜味的能力[8,11-12]。Tan 等发现尽管 T1R3 敲除小鼠无法尝到糖和安赛蜜带来的甜味,但它们却依然能够在糖和安赛蜜之间倾向性地选择糖[77]。分别将可引起野生小鼠最大偏好浓度的蔗糖、D-葡萄糖和三种人工甜味剂(三氯蔗糖、安赛蜜和 SC45647)溶液供给 T1R3 敲除小鼠时,48 h 内小鼠对各溶液的行为偏好均消失;进一步将各溶液浓度提高到最大偏好浓度的 5~10 倍时,T1R3 敲除小鼠出现对蔗糖和 D-葡萄糖的偏好,而对三种人工甜味剂依然没有产生偏好。此外,在胃内输注蔗糖的同时,通过口腔供给小鼠风味溶液能使小鼠对风味溶液产生偏好,而将蔗糖替换为三氯蔗糖后,偏好则不能产生[78]。

瞬时受体电位离子通道蛋白 5(TRPM5)、钙稳态调节蛋白(CALHM1)均是甜味信号的重要转导元素,敲除 TRPM5、Calhm1 基因同样可以阻断甜味信号的转导[79]。Zhang 等发现敲除 TRPM5 后小鼠对安赛蜜的偏好完全消失,而对于蔗糖和葡萄糖的舔舐次数虽有所降低,但仍然表现出行为偏好[38,80]。类似的研究发现,TRPM5 基因敲除小鼠保留了对蔗糖的偏好,但对三氯蔗糖的偏好消失[81]。Calhm1 敲除小鼠每天消耗的蔗糖总量降低了一半,但依然形成了对蔗糖的偏好[82]。此外,以胃部灌注的方式对野生小鼠和 TRPM5 敲除小鼠分别进行蔗糖或三氯蔗糖刺激后,小鼠均仅对蔗糖出现了偏好[75]。

以上行为学实验结果表明,糖类和甜味剂均可使正常小鼠产生甜味偏好,但是相比于甜味剂,小鼠更偏好糖;敲除小鼠的甜味受体基因或甜味信号转导基因均能阻断人工甜味剂诱发的行为偏好,但不能阻断其对糖的行为偏好。这些现象说明糖类和甜味剂使小鼠产生偏好的机制并不完全相同,存在一种不需要甜味受体参与、独立于味觉系统的神经机制来调控糖偏好的形成。

3.2.2 糖类与甜味剂引发的脑区神经活动差异

早先人们认为肠道和大脑仅通过激素进行信号传递,激素信号可以独立于甜味感受刺激动物对糖的消费和偏好[83]。然而后来的研究表明,对胆囊收缩素 A(小肠黏膜 I 细胞释放的一种肽类激素,CCKA)受体的药理学抑制不会影响糖在胃内输注引发的偏好[84]。生长激素释放肽(ghrelin)也曾被认为参与食物奖赏的过程,而Anthony Sclafani 等研究发现,ghrelin 受体敲除同样不会影响小鼠对糖的偏好,进而推翻了这一假设[85]。

多项研究证明,大脑中多巴胺(dopamine,DA)释放引发的奖赏效应参与了糖类摄入的中枢反应[86-87]。在摄入糖后,能够监测到伏隔核区域多巴胺的释放[88-90]。DA 受体(D1 和 D2 型受体)的药理学抑制也能抑制糖的摄入或消除胃内输注葡萄糖引发的条件性风味偏好[91-96]。DA 信号也参与调节糖或其他营养物质如脂肪产生条件风味偏好的能力[97-99]。因此,糖引起多巴胺奖赏环路响应是糖偏好的重要研究角度。随着相关研究的深入,糖激活大脑释放多巴胺的神经环路机制逐渐明晰。Mark等发现胃内输注低聚麦芽糖溶液可以诱发腹侧纹状体和背侧纹状体多巴胺的释放[100]。口服和肠内输注蔗糖的研究均显示出中脑边缘系统和黑质纹状体系统神经元活性的增加和多巴胺的释放[101]。敲除 TRPM5 基因小鼠依然对胃内注射 D-葡萄糖产生了强烈的偏好,并且在 30 min 内检测到腹侧纹状体和背侧纹状体的多巴胺释放增多。在胃部注射机体不可代谢的葡萄糖类似物同样能检测到多巴胺的释放(虽然释放量有所降低),这种特异性偏好证明 D-葡萄糖可以独立于味觉系统和能量产生行为偏好并具有刺激腹侧纹状体和背侧纹状体释放多巴胺的能力[102]。以上研究揭示了与糖信号有关的两条多巴胺释放环路:第一条是中脑边缘系统,从腹侧被盖区(ventral tegmental area,VTA)投射到腹侧纹状体;第二条是黑质纹状体系统,从黑质致密部投射到背侧纹状体。口服和胃内输注蔗糖溶液均可激活上述两个环路神经元,促进多巴胺释放(图 3-6)。

Tellez 针对糖信号引起 DA 释放的进一步深入研究发现,这两条神经环路在感知糖和甜味剂的反应存在着差异:小鼠口腔摄入三氯蔗糖同时胃内输注三氯蔗糖或葡萄糖均可引起腹侧纹状体 DA 的释放,然而只有胃内输注葡萄糖时可引起背侧纹状体 DA 的释放,这表明投射至背侧纹状体的多巴胺神经元对糖具有选择敏感性;掺入苦味剂的三氯蔗糖溶液同时胃内输注葡萄糖能够抑制腹侧纹状体 DA 释放,而背侧

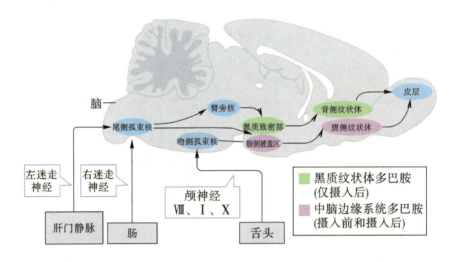

脑—

左迷走神经　右迷走神经

颅神经 Ⅷ、Ⅰ、Ⅹ

肝门静脉　　肠　　　　舌头

黑质纹状体多巴胺（仅摄入后）

中脑边缘系统多巴胺（摄入前和摄入后）

图3-6　糖和甜味剂感知的多巴胺能奖赏环路[103]

纹状体仍有高水平的 DA 释放,这也间接说明了黑质纹状体系统可能负责对糖产生奖赏反应,而中脑边缘系统可能负责对糖和甜味剂引发的甜味产生奖赏反应[104]。Ana B. Fernandes 等利用深部脑区钙成像技术监测胃内输注蔗糖或三氯蔗糖引发的自由活动小鼠 VTA 多巴胺能神经元的活性,与胃内输注三氯蔗糖相比,胃内输注蔗糖可以在 1 ~ 2 min 内快速诱导腹侧被盖区多巴胺神经元出现持续正向上调活性。这说明蔗糖胃内输注引发的感觉信号从肠道到大脑的传递是十分迅速的,肠-脑之间可能存在一条"信息高速公路"支撑糖引发的感觉信号传递[75]。

3.2.3　糖类与甜味剂引发的肠-脑轴神经激活模式差异

2011 年,杜克大学的 Diego Bohórquez 教授通过激光扫描共聚焦显微镜在肠道内分泌细胞的神经纤维亚群中观察到一种解剖学特征,一种特殊细胞亚群基部具有类似于神经元轴突的胞质突起,这些神经纤维亚群既可以作为吸收营养的摄取平台,也可以作为分泌激素的启动平台。这些肠道内分泌细胞的发现为解释肠道和大脑的信号传导机制开辟了新的研究路径[105]。2015 年,该团队进一步研究发现肠道和神经系统之间存在肠道内分泌细胞与神经元之间的突触连接,这种突触之间的信号传递可能比血液中的激素释放信号更为直接,这些含有突起的肠道内分泌细胞被称为 neuropod 细胞(神经足细胞)。进一步追踪 neuropod 细胞的触体发现,这些细胞十分接近小肠和大肠的个别神经纤维,同时 60% 的 neuropod 细胞会接触感觉神经元,因此,Diego Bohórquez 等推测这些 neuropod 细胞可能参与了肠道感觉信号的传递。狂犬病病毒通常被用作神经元单突触连接的可视化工具,狂犬病病毒示踪研究结果表明,结肠内的 neuropod 细胞能够被狂犬病毒成功感染,说明该病毒可以从肠道内腔到达神经系统,因此 neuropod 细胞和肠道神经元之间的确存在联系[106]。

2018 年,Diego Bohórquez 团队基于 neuropod 细胞的深化研究发现,该细胞与迷走神经元之间形成的突触可以传递蔗糖或葡萄糖引发的信号:葡萄糖能够诱发 neuropod 细胞释放谷氨酸,并且可以引发迷走神经元的兴奋性突触后电流;沉默 neuropod 细胞后,葡萄糖输注诱导的迷走神经几毫秒内的快速放电则被完全消除。这些研究结果表明,大脑在几毫秒内接受来自肠道输入的糖刺激取决于 neuropod 细胞的谷氨酸能信号传递,然而这群细胞在糖偏好中的作用及机制至此仍未明确[107]。

肠道中最主要的葡萄糖转运体是葡萄糖钠转运蛋白(SGLT1),在肠上皮细胞和肠内分泌表面均有表达。Kaelberer 等研究证明 SGLT1 参与了葡萄糖或蔗糖刺激 neuropod 细胞释放神经递质谷氨酸的过程,SGLT1 的药理学抑制会阻断谷氨酸的释放,而 SGLT1 对葡萄糖具有选择性,人工甜味剂并不能激活 SGLT1。Tan 等从神经元活动的角度证明了 SGLT1 能够激活对葡萄糖摄入响应的神经元,抑制 SGLT1 能够阻断对葡萄糖摄入偏好的形成。这些研究表明糖类摄入信号的肠-脑轴信号传递需要 SGLT1 参与[107]。

2022 年,Diego Bohórquez 团队进一步基于 neuropod 细胞和 SGLT1 受体深入研究了糖和人工甜味剂的偏好行为。近端小肠注入蔗糖、葡萄糖类似物和人工甜味剂均会快速引发迷走神经反应,沉默 neuropod 细胞后迷走神经反应相应消失,这表明三类甜味物质引发的迷走神经反应均依赖于 neuropod 细胞。阻断 SGLT1 可消除蔗糖和葡萄糖类似物诱发的迷走神经反应,而阻断T1R3仅能消除人工甜味剂诱发的迷走神经反应。利用活体双光子成像和受体抑制实验分析确定了neuropod细胞分别通过释放谷氨酸和腺嘌呤核苷三磷酸(ATP)两种不同的神经递质将蔗糖和人工甜味剂的肠道刺激传递到迷走神经的不同神经元亚群。另外,Diego Bohórquez团队还利用自主开发的柔性光纤控制neuropod细胞打开或关闭的状态以实时研究neuropod细胞对糖偏好的贡献。同时提供给小鼠分别含有三氯蔗糖溶液和同等甜度的蔗糖溶液时,小鼠表现出对蔗糖的偏好。抑制neuropod细胞或谷氨酸受体均会导致小鼠对蔗糖的偏好消失。以上研究表明,小鼠的糖偏好取决于neuropod细胞,neuropod细胞分别依赖其上所表达的SGLT1和甜味受体T1R3分辨出糖和人工甜味剂信号。糖类会刺激neuropod细胞释放谷氨酸作为神经递质,而人工甜味剂则会刺激其释放ATP作为神经递质,neuropod细胞通过释放不同的神经递质激活迷走神经的不同神经元亚群,进而让大脑分辨糖和人工甜味剂[108]。

孤束尾核(cNTS)是机体内部感知信号向大脑传递的中继。研究发现,不同的cNTS神经元亚群可被十二指肠或胃内的葡萄糖或甲基-α-D-吡喃葡萄糖苷(MDG)灌注激活,而糖精则无法激活cNTS[109-110]。敲除被糖激活的cNTS神经元突触传递功能后,小鼠对于糖的偏好消失,因此可以认为孤束尾核是小鼠对葡萄糖产生偏好的重要中继。切断双侧迷走神经可阻断cNTS神经元激活,这表明糖摄入信号的传递需要通过迷走神经,进而通过迷走神经结状神经元传递信号并激活cNTS神经元[77]。

至此,糖类摄入信号在肠-脑轴传递的神经通路基本明晰,口腔摄入的糖类和甜味剂均能激活位于口腔的甜味受体细胞,将信息传递至中脑边缘多巴胺系统刺激腹侧纹状体多巴胺的释放。但进入胃和近端小肠(十二指肠)后,糖类和人工甜味剂则出现了明显差异。蔗糖或葡萄糖等能够与肠道内neuropod细胞表面SGLT1受体结合,neuropod细胞轴突释放谷氨酸激活迷走神经,迷走神经的结状神经元亚群通过单突触继续将糖摄入的信息传递到脑干孤束尾核神经元,进一步激活黑质纹状体系统背侧纹状体 DA 的释放。而人工甜味剂则与 neuropod 细胞表面的甜味受体 T1R3 结合,使 neuropod 细胞轴突释放神经递质 ATP 将信息传递到迷走神经,但并不引发脑干孤束尾核神经元的响应(图 3-7)。因此,大脑可以辨别糖和甜味剂从而使个体表现出行为偏好的差异。

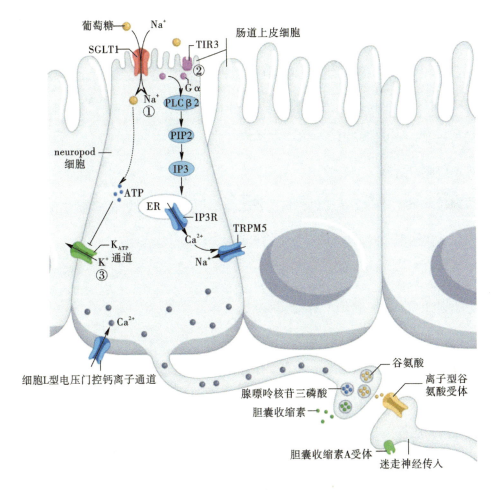

图 3-7 肠道 neuropod 细胞识别糖和甜味剂的分子机制[103]

3.3 甜味剂与肠道菌群

人体与微生物之间存在着共生关系,构成了一个大型的"生态系统",人体内微生物的变化往往意味着机体健康发生变化。人体微生物系统由肠道菌群结构、功能及其所生活的环境组成,肠道微生物在人体微生物系统中扮演重要角色,人类肠道含有高达100万亿个微生物,是人体细胞数量的10倍左右[111-112],因此肠道菌群是肠道微生态的核心部分。

多项研究报道显示,肠道菌群与糖尿病[113]、肥胖[114]、炎症[115]、肿瘤[116]等多项人体疾病显著相关。研究发现甜味剂的摄入能够引起肠道菌群的重要变化,进而间接地成为糖尿病、肥胖、炎症、肿瘤等的潜在影响因素。

3.3.1 甜味剂对肠道菌群的影响

肠道菌群根据与宿主的关系可分为有益菌、中性菌(机会致病菌)和致病菌。具有重要生理意义的有益菌包括双歧杆菌、拟杆菌、乳酸杆菌、粪肠球菌、柔嫩梭菌等;中性菌包括大肠杆菌、链状球菌、韦荣球菌等;致病菌包括葡萄球菌、变形杆菌、酵母菌、梭状芽孢杆菌、产气荚膜梭菌等。这些菌群的数量、比例、丰度的变化能反映出机体的疾病特点,对机体代谢和免疫有重要的影响。肠道菌群主要包含9个菌门,其中拟杆菌门、厚壁菌门、变形菌门和放线菌门这四类菌门包含了99%的细菌,这几大类门的丰度和构成比例的变化与人类健康息息相关。其中,拟杆菌门和厚壁菌门约占人体肠道菌群的90%以上,构成了人类肠道细菌的绝大部分。正常情况下拟杆菌门和厚壁菌门之间的比例相对稳定,它们共同维持着肠道内环境稳态,而它们比例的紊乱不仅会影响机体的碳水化合物代谢,也被认为是与肥胖炎症过程相关的重要因素,还能够改变短链脂肪酸的产生,诱发胰岛素抵抗,从而影响Ⅱ型糖尿病。此外,人体肠道中厌氧菌的数量超过需氧菌约 10000 倍,菌群失调也包括需氧菌和厌氧菌比例失调,厌氧菌和需氧菌的比值也是判断肠道菌群失调的重要指标之一。因此,本章主要从有益菌、中性菌(机会致病菌)和致病菌的数量、比例、丰度的变化,厚壁菌门和拟杆菌门的比例、厌氧菌和需氧菌的比例几个方面归纳了人工甜味剂和天然甜味剂对于肠道菌群的影响。

总体来看,部分人工甜味剂可导致肠道中有益菌的数量降低、机会致病菌(大肠杆菌)数量上升,同时也会影响肠道菌群稳态评估指标如厚壁菌门和拟杆菌门的比值、厌氧菌和需氧菌的比值等。研究发现,三氯蔗糖可导致小鼠肠道变形菌富集和大肠杆菌过度生长[117],并且以剂量依赖性方式影响梭状芽孢杆菌簇ⅪⅤa 的相对量[118],增加肠道中厚壁菌门的丰度等[119]。在肥胖大鼠喂食不同剂量的三氯蔗糖中发现,0.43 mg 三氯蔗糖和 0.62 mg 三氯蔗糖都倾向于减少有益菌乳酸杆菌和阿克曼氏菌,并且 0.43 mg 三氯蔗糖喂食后肠道氨基酸球菌科及考拉杆菌属的相对丰度有所增加[120]。

在针对怀孕小鼠的研究中发现,母体摄入三氯蔗糖改变了 3 周龄幼鼠肠道微生物组成,诱导肠道菌群失调,与肥胖和代谢杂乱高度相关的经黏液真杆菌属显著增加,与肠道黏膜屏障功能损害和炎症相关的疣微菌门嗜黏蛋白阿克曼菌相对丰度增加,与炎症呈负相关的链球菌和瘤胃球菌数量相对减少[121]。给予小鼠不同剂量的三氯蔗糖溶液,其中高剂量等同于人体的 ADI,结果表明,三氯蔗糖显著改变了肠道微生物群的组成,同时小鼠回肠和结肠中淋巴细胞聚集,说明三氯蔗糖影响了小鼠肠道的屏障功能。在低剂量和高剂量组中,与糖尿病呈正相关的异种杆菌均增加,空肠、回肠和结肠中的潜在病原体,包括嗜中温黏着杆菌、鲁杰氏菌、葡萄球菌等,也显著增加。在高剂量组中,小鼠的盲肠中益生菌丰度(乳杆菌和毛螺菌科)减少。这些研究结果表明,即使是低剂量的三氯蔗糖也会改变小鼠的肠道微生物组,对小鼠健康产生不利影响[122]。此外,高剂量的三氯蔗糖还会导致厌氧菌和需氧菌的总数减少,有益的厌氧菌(如双歧杆菌、乳酸杆菌和拟杆菌)则显著减少,导致小鼠肠道菌群显著失衡[123]。

糖精、纽甜等人工甜味剂也表现出对肠道菌群的负面影响。摄入 28 天含糖精(5 mmol/L)的饮用水会导致豚鼠的厚壁菌门丰度呈下降趋势,而拟杆菌门丰度呈增加趋势[124]。给予7.5%糖精钠10 天的雄性大鼠盲肠中厌氧菌增加和需氧菌维持,厌氧菌/需氧菌比值上升,可能导致肠道炎症的发生[125]。将纽甜以每天0.75 mg/kg的剂量通过管饲法对雄性 CD-1 小鼠给药 4 周,发现喂食纽甜组小鼠拟杆菌的相对粪便丰度显著增加,厚壁菌门的相对粪便丰度显著降低,超过 12 个属发生改变,尤其是毛螺菌科和瘤胃球菌科的多个成分,如经黏液真杆菌属、多尔氏菌属、颤螺菌属和瘤胃球菌属显著增加[126]。

由于研究对象、暴露剂量和暴露时长等的不同,甜味剂对肠道菌群的影响仍然存在争论。部分研究表明,人工甜味剂对一些肠道菌群指标并不会造成显著影响。例如,短期补充与最高可接受水平(JECFA)相同剂量的糖精不足以改变明显健康小鼠的肠道微生物群[127]。长期喂食含 0.3% 糖精钠和甜蜜素的酸奶也不会导致成年雄性 Wistar 大鼠的细菌多样性出现差异[128]。安赛蜜和阿斯巴甜并不会导致小鼠肠道中有益菌和有害菌数量的变化,并且也不会影响厚壁菌门和拟杆菌门的比值[118]。在针对人体的研究中发现,安赛蜜、阿斯巴甜的消费者和非消费者之间厚壁菌门和拟杆菌门的丰度中值百分比未发生变化[129]。口服 30 天剂量为 250 mg/(kg·d)甜蜜素的猕猴的粪便细菌总数以及粪便中单个微生物群的水平(拟杆菌科、链状杆菌、双歧杆菌、消化链球菌、乳酸杆菌、链球菌、肠杆菌、梭状芽孢杆菌、韦荣氏菌和葡萄球菌)并未发生显著变化[130]。

许多天然甜味剂则呈现出对肠道菌群的正向影响。例如,能够调节肠道微生物群,升高肠道中双歧杆菌、乳酸杆菌等有益菌的数量。研究发现,中等剂量的木糖醇能够降低高脂饮食及正常饮食的小鼠的粪便拟杆菌门及巴恩斯氏菌属的丰度,增加高脂饮食小鼠的厚壁菌门丰度[131]。喂食木糖醇能够使啮齿动物粪便的微生物群体从革兰氏阴性菌向革兰氏阳性菌转变,并且在针对人体的研究中观察到类似的转变[132]。喂养山梨糖醇的 Wistar 白化大鼠粪便中的需氧菌和厌氧菌数量没有发生大的变化,但能引起大鼠粪便微生物群从革兰氏阴性菌向革兰氏阳性菌转变[133]。在针对人体的研究中发现,连续 14 天食用含有麦芽糖醇的测试巧克力,研究对象粪便中的双歧杆菌、乳酸杆菌等有益菌的数量显著增加[134]。口服乳糖醇 7.5 天后能够引起大鼠盲肠双歧杆菌数量的显著增加,同时肠杆菌科、链球菌属和类杆菌科也有所增加[135]。

3.3.2　甜味剂对肠道代谢产物的影响

肠道菌群可利用外源性食物或内源性化合物产生一系列代谢产物,从而与宿主进行相互作用。大量研究表明,微生物的代谢产物能结合特定的宿主受体并刺激下游联级信号,最终改变肠道细胞生理功能。除了局部作用于肠道细胞,代谢产物也可调节载体功能和免疫激活,被机体循环吸收并影响整个机体过程[136]。肠道菌群代谢产物主要有三种,分别为短链脂肪酸(short chain fatty acid,SCFA)、胆汁酸(bile acid,BA)和支链氨基酸(branched chain amino acid,BCAA)。肠道中产生的短链脂肪酸不仅是宿主的能量来源,也是免疫细胞生理功能的调节器,目前甜味剂对于肠道代谢产物影响的相关研究主要聚焦于短链脂肪酸[137]。

研究发现人工甜味剂能够影响肠道内短链脂肪酸水平,进而干预胰岛素抵抗的过程。喂食安赛蜜的小鼠肠道内丙酮酸含量显著增加,丙酮酸是与能量代谢有关的关键代谢产物之一,丙酮酸可以进一步发酵成短链脂肪酸,如丙酸和丁酸,丙酮酸的显著增加是小鼠体重增加的主要原因[138]。高脂饮食大鼠模型的血清代谢组学分析显示,阿斯巴甜可增加细菌代谢产物,其中主要为短链脂肪酸丙酸盐,而丙酸盐的产生可能是肝脏糖异生升高的原因,进而导致肝脏葡萄糖的输出量增加。这解释了大鼠空腹血糖水平较高、高糖异生底物增加的原因,这些改变将会对大鼠的胰岛素耐受性产生不利影响[139]。另一项研究发现,三氯蔗糖会导致高浓度醋酸盐与短链脂肪酸受体 GPR43 丰度的增加,进而造成葡萄糖不耐受和胰岛素抵抗[140]。

糖醇类甜味剂能够通过改变短链脂肪酸的水平进而降低肠道中的 pH 值,抑制病原菌的生长,改善肠道通透性以及肠黏膜的屏障功能,有益宿主的健康[141]。喂食山梨糖醇后 Wistar 系雄性白化大鼠粪便 pH 值降低,盲肠重量增加。进一步针对大鼠粪便分析发现,乙酸和乳酸的浓度显著增加,这说明山梨糖醇具有帮助宿主调节肠道环境的潜在作用[142]。食用含有木糖醇大米粥的志愿者肠道中 SCFA 产量增加,肠道 pH 值下降,其粪便中乳酸杆菌的含量显著增加,而致病菌产气荚膜梭菌的数量减少[143]。来自拟杆菌和毛螺菌科的木糖醇消化的关键酶(木糖醇脱氢酶、木酮糖激酶和磷酸木糖异构酶)可以共同支持肠道微生态的生长,同时也可以增强肠道内丙酸盐的浓度,从而降低 pH 值,限制大肠杆菌和葡萄球菌的相对数量[144]。短链脂肪酸中丁酸盐是各种癌细胞系中有效的抗增殖和分化剂,断奶仔猪盲肠中丁酸的浓度在乳糖醇喂养组比其他饮食组高出 3 倍,空肠和盲肠中组胺水平降低,空肠绒毛增长、盲肠隐窝更浅,这说明断奶仔猪消化能力提高并且肠道细胞数量增多,提高了物质的利用率[145]。通过测定 36 名服用乳糖醇的健康志愿者粪便中酶活性发现,偶氮还原酶、7α-脱羟基酶和硝基还原酶等促致癌酶的活性显著降低,粪便 pH 值从最初的 6.9 降至 5.8,这同样是由于粪便中短链脂肪酸的数量增加所致[146]。类似地,甘露醇、赤藓糖醇及糖苷类天然甜味剂罗汉果苷 V 等也能够提高肠道 SCFA 的产生[147-149]。

3.3.3　甜味剂对肠道其他方面的影响

肠道上皮由一层细胞组成,它既是一个物理屏障,也是细胞与免疫细胞之间进行免疫防御和相互交流的中心。完整的肠道上皮细胞结构能够维持机体与肠道微生态的动态平衡,肠道上皮细胞破损等可引发肠道黏膜屏障受损进而诱发炎症。2021 年 Aparna Shil 等研究人员首次揭示了一些最广泛使用的人工甜味剂(糖精、三氯蔗糖和阿斯巴甜)对两种类型肠道菌群(大肠杆菌和粪肠球菌)的致病性作用。人工甜味剂可能会使大肠杆菌和粪肠球菌变得更具致病性,这些致病性细菌会吸附侵入并杀灭人结直肠腺癌细胞 CaCo-2 细胞,Caco-2 细胞是位于肠壁上的特殊上皮细胞。在相当于两罐饮食软饮料的浓度下,所有三种人工甜味剂都会明显增加大肠杆菌和粪肠球菌对肠道 CaCo-2 细胞的吸附能力,并能不同程度地增加生物被膜的产生。在生物膜中生长的细菌对抗生素疗法敏感性较低,且更易于分泌毒素并表达毒力因子,从而诱发人类疾病[150]。

早期研究者认为脂肪细胞是肥胖、炎症介质的"发源地",但越来越多的证据表明肠道是一种潜在的炎症致病源,肠道菌群被认为是导致超重的一种环境因素。宿主的肠道免疫系统与微生物菌群之间形成了复杂的联系,肠道黏膜免疫屏障与肠道微生态共同组成完善的免疫机制。免疫活性物质(血清细胞因子、分泌性免疫球蛋白)一定程度上反映了机体与肠道免疫调节的情况。

研究表明,人工甜味剂可以改变菌群的代谢通路,改变肠道菌群葡萄糖的耐受性和诱发肥胖和组织炎症。通过分析饮用含三氯蔗糖水溶液 6 个月的 C57BL/6 雄性小鼠肝脏转录组学水平发现,小鼠肝脏促炎因子如诱导型一氧化氮合酶(iNOS)和膜基质金属蛋白酶第二型(MMP-2)表达提高,粪便代谢组学分析也发现小鼠肠道代谢产物紊乱,粪便细菌促炎因子富集,从而增加发生组织炎症的风险[151]。

与人工甜味剂不同,天然甜味剂具有降低脂肪炎症因子的作用。甜菊糖苷的摄入能够降低炎症标志物脂多糖的表达同时也促进抗炎细胞因子白细胞介素 10(IL-10)的表达[140]。罗汉果提取物罗汉果苷可防止高脂饮食小鼠体重增加、胰岛素抵抗和脂肪量积累。罗汉果提取物罗汉果苷处理抑制炎性巨噬细胞的浸润并降低脂肪组织中脂肪炎性细胞因子[瘦素、巨噬细胞趋化蛋白 1(MCP-1)和肿瘤坏死因子-α(TNF-α)]的水平[152]。

此外,最新的研究发现,一些人工甜味剂还能够通过改变机体代谢葡萄糖的能力,间接地引起血糖变化。糖精、三氯蔗糖和阿斯巴甜可通过肠道菌群组成及功能的改变引起葡萄糖耐受的不良发展[153]。口服葡萄糖耐量测试（glucose tolerance test, GTT）常用来评估人体血糖调节能力，一项随机对照实验也表明血糖水平正常且饮食中不含甜味剂的志愿者在定期摄入三氯蔗糖和糖精后，葡萄糖耐量测试中血糖峰值比葡萄糖控制组更大，这表明这些甜味剂可能会导致身体葡萄糖耐受不良，使组织难以从血液中吸收葡萄糖。将这些人类参与者的肠道微生物组移植到无菌小鼠体内后，小鼠均表现出与之非常相似的血糖变化[154]

参考文献

[1]ELLIS J W. Overview of sweeteners[J]. Journal of Chemical Education, 1995, 72 (8):671.

[2]SHALLENBERGER R S, ACREE T E. Molecular theory of sweet taste[J]. Nature, 1967, 216(5114):480-482.

[3]NOFRE C, TINTI J M. Sweetness reception in man：The multipoint attachment theory[J]. Food Chemistry, 1996, 56(3):263-274.

[4]TINTI J M, NOFRE C. Why does a sweetener taste sweet：A new model[M]// Sweeteners. Washington, DC:American Chemical Society, 1991:206-213.

[5]BASSOLI A, DREW M G B, MERLINI L, et al. General pseudoreceptor model for sweet compounds：A semiquantitative prediction of binding affinity for sweet-tasting molecules[J]. Journal of Medicinal Chemistry, 2002, 45(20):4402-4409.

[6]HOON M A, ADLER E, LINDEMEIER J, et al. Putative mammalian taste receptors：A class of taste-specific GPCRs with distinct topographic selectivity[J]. Cell, 1999, 96(4):541-551.

[7]BACHMANOV A A, LI X, REED D R, et al. Positional cloning of the mouse saccharin preference (Sac) locus[J]. Chemical Senses, 2001, 26(7):925-933.

［8］MAX M,SHANKER Y G,HUANG L Q,et al. Tas1r3,encoding a new candidate taste receptor,is allelic to the sweet responsiveness locus Sac［J］. Nature Genetics,2001,28(1):58−63.

［9］LI X D,STASZEWSKI L,XU H,et al. Human receptors for sweet and umami taste［J］. Proceedings of the National Academy of Sciences of the United States of America,2002,99(7):4692−4696.

［10］NELSON G,HOON M A,CHANDRASHEKAR J,et al. Mammalian sweet taste receptors［J］. Cell,2001,106(3):381−390.

［11］INOUE M,MCCAUGHEY S A,BACHMANOV A A,et al. Whole nerve Chorda tympani responses to sweeteners in C57BL/6ByJ and 129P3/J mice［J］. Chemical Senses,2001,26(7):915−923.

［12］ZHAO G Q,ZHANG Y F,HOON M A,et al. The receptors for mammalian sweet and umami taste［J］. Cell,2003,115(3):255−266.

［13］BOUGHTER J D,BACHMANOV A A. Behavioral genetics and taste［J］. BMC Neuroscience,2007,8(3):S3.

［14］REED D R,LI S,LI X,et al. Polymorphisms in the taste receptor gene (Tas1r3) region are associated with saccharin preference in 30 mouse strains［J］. The Journal of Neuroscience,2004,24(4):938−946.

［15］NOWLIS G H,FRANK M E,PFAFFMANN C. Specificity of acquired aversions to taste qualities in hamsters and rats［J］. Journal of Comparative and Physiological Psychology,1980,94(5):932−942.

［16］HELLEKANT G,DANILOVA V. Species differences toward sweeteners［J］. Food Chemistry,1996,56(3):323−328.

［17］ROSENBAUM D M,RASMUSSEN S G F,KOBILKA B K. The structure and function of G−protein−coupled receptors［J］. Nature,2009,459(7245):356−363.

［18］KUNISHIMA N, SHIMADA Y, TSUJI Y, et al. Structural basis of glutamate recognition by a dimeric metabotropic glutamate receptor［J］. Nature, 2000, 407 (6807): 971-977.

［19］SPILLANE W J, KELLY D P, CURRAN P J, et al. Structure-taste relationships for disubstituted phenylsulfamate tastants using classification and regression tree (CART) analysis［J］. Journal of Agricultural and Food Chemistry, 2006, 54 (16): 5996-6004.

［20］CHEREZOV V, ROSENBAUM D M, HANSON M A, et al. High - resolution crystal structure of an engineered human β_2 - adrenergic G protein - coupled receptor［J］. Science, 2007, 318 (5854): 1258-1265.

［21］DELLISANTI C D, YAO Y, STROUD J C, et al. Crystal structure of the extracellular domain of nAChR alpha1 bound to alpha-bungarotoxin at 1.94 A resolution［J］. Nature Neuroscience, 2007, 10 (8): 953-962.

［22］CUI M, JIANG P H, MAILLET E, et al. The heterodimeric sweet taste receptor has multiple potential ligand binding sites［J］. Current Pharmaceutical Design, 2006, 12 (35): 4591-4600.

［23］PARNOT C, KOBILKA B. Toward understanding GPCR dimers［J］. Nature Structural & Molecular Biology, 2004, 11 (8): 691-692.

［24］O' HARA P J, SHEPPARD P O, THÓGERSEN H, et al. The ligand-binding domain in metabotropic glutamate receptors is related to bacterial periplasmic binding proteins［J］. Neuron, 1993, 11 (1): 41-52.

［25］XU H, STASZEWSKI L, TANG H X, et al. Different functional roles of T1R subunits in the heteromeric taste receptors［J］. Proceedings of the National Academy of Sciences of the United States of America, 2004, 101 (39): 14258-14263.

［26］KENNEDY J F, PAULA H C B. Sweeteners: Discovery, molecular design and chemoreception[J]. Carbohydrate Polymers,1992,17(3):259.

[27]NIE Y L, VIGUES S, HOBBS J R, et al. Distinct contributions of T1R2 and T1R3 taste receptor subunits to the detection of sweet stimuli [J]. Current Biology,2005,15(21):1948-1952.

[28]JIANG P H,CUI M,ZHAO B H,et al. Identification of the cyclamate interaction site within the transmembrane domain of the human sweet taste receptor subunit T1R3 ∗ [boxs[J]. Journal of Biological Chemistry,2005,280(40):34296-34305.

[29]JIANG P H,CUI M,ZHAO B H,et al. Lactisole interacts with the transmembrane domains of human T1R3 to inhibit sweet taste [J]. Journal of Biological Chemistry,2005,280(15):15238-15246.

[30]JIANG P H,JI Q Z,LIU Z,et al. The cysteine-rich region of T1R3 determines responses to intensely sweet proteins [J]. Journal of Biological Chemistry, 2004, 279(43):45068-45075.

[31]FAUS I. Recent developments in the characterization and biotechnological production of sweet-tasting proteins[J]. Applied Microbiology and Biotechnology,2000,53(2): 145-151.

[32]SPADACCINI R,TRABUCCO F,SAVIANO G,et al. The mechanism of interaction of sweet proteins with the T1R2-T1R3 receptor:Evidence from the solution structure of G16A-MNEI[J]. Journal of Molecular Biology,2003,328(3):683-692.

[33]ESPOSITO V, GALLUCCI R, PICONE D, et al. The importance of electrostatic potential in the interaction of sweet proteins with the sweet taste receptor[J]. Journal of Molecular Biology,2006,360(2):448-456.

[34]SHIGEMURA N,MIURA H,KUSAKABE Y,et al. Expression of leptin receptor (Ob-R) isoforms and signal transducers and activators of transcription (STATs) mRNAs in the mouse taste buds [J]. Archives of Histology and Cytology, 2003, 66 (3):

253—260.

[35]OZECK M,BRUST P,XU H,et al. Receptors for bitter,sweet and umami taste couple to inhibitory G protein signaling pathways[J]. European Journal of Pharmacology, 2004,489(3):139-149.

[36]MARTIN B,DOTSON C D,SHIN Y K,et al. Modulation of taste sensitivity by GLP-1 signaling in taste buds[J]. Annals of the New York Academy of Sciences, 2009,1170:98-101.

[37]LAFFITTE A,NEIERS F,BRIAND L. Functional roles of the sweet taste receptor in oral and extraoral tissues[J]. Current Opinion in Clinical Nutrition and Metabolic Care,2014,17(4):379-385.

[38]ZHANG Y F,HOON M A,CHANDRASHEKAR J,et al. Coding of sweet,bitter,and umami tastes different receptor cells sharing similar signaling pathways[J]. Cell, 2003,112(3):293-301.

[39]KIM M R,KUSAKABE Y,MIURA H,et al. Regional expression patterns of taste receptors and gustducin in the mouse tongue[J]. Biochemical and Biophysical Research Communications,2003,312(2):500-506.

[40]AMREIN H,BRAY S. Bitter-sweet solution in taste transduction[J]. Cell,2003, 112(3):283-284.

[41]PÉREZ C A,HUANG L Q,RONG M Q,et al. A transient receptor potential channel expressed in taste receptor cells[J]. Nature Neuroscience,2002,5(11):1169-1176.

[42]CLAPP T R,STONE L M,MARGOLSKEE R F,et al. Immunocytochemical evidence for co-expression of Type III IP3 receptor with signaling components of bitter taste transduction[J]. BMC Neuroscience,2001,2:6.

[43]LIU D,LIMAN E R. Intracellular Ca^{2+} and the phospholipid PIP2 regulate the taste transduction ion channel TRPM5[J]. Proceedings of the National Academy of

Sciences of the United States of America,2003,100(25):15160-15165.

[44]MCCORVY J D,ROTH B L. Structure and function of serotonin G protein-coupled receptors[J]. Pharmacology & Therapeutics,2015,150:129-142.

[45]DIPIZIO A, NIV M Y. Computational studies of smell and taste receptors[J]. Israel Journal of Chemistry,2014,54(8/9):1205-1218.

[46]FORLI S,HUEY R,PIQUE M E,et al. Computational protein-ligand docking and virtual drug screening with the AutoDock suite[J]. Nature Protocols,2016,11(5):905-919.

[47]OGANOV A R,GLASS C W. Crystal structure prediction using ab initio evolutionary techniques:Principles and applications [J]. The Journal of Chemical Physics,2006,124(24):244704.

[48]BONNEAU R, BAKER D. Ab initio protein structure prediction:Progress and prospects[J]. Annual Review of Biophysics and Biomolecular Structure,2001,30:173-189.

[49]MORINI G,BASSOLI A,TEMUSSI P A. From small sweeteners to sweet proteins:Anatomy of the binding sites of the human T1R2_T1R3 receptor[J]. Journal of Medicinal Chemistry,2005,48(17):5520-5529.

[50]MIAO Y L,NI H,ZHANG X Y,et al. Investigating mechanism of sweetness intensity differences through dynamic analysis of sweetener-T1R2-membrane systems[J]. Food Chemistry,2022,374:131807.

[51]MAYANK,JAITAK V. Interaction model of steviol glycosides from Stevia rebaudiana (Bertoni)with sweet taste receptors:A computational approach[J]. Phytochemistry,2015,116:12-20.

[52]YANG L,CUI M,LIU B. Current progress in understanding the structure and function of sweet taste receptor [J]. Journal of Molecular Neuroscience, 2021, 71 (2):

234-244.

[53]ACEVEDO W,RAMÍREZ-SARMIENTO C A,AGOSIN E. Identifying the interactions between natural,non-caloric sweeteners and the human sweet receptor by molecular docking[J]. Food Chemistry,2018,264:164-171.

[54]MAILLET E L,CUI M,JIANG P H,et al. Characterization of the binding site of aspartame in the human sweet taste receptor[J]. Chemical Senses,2015,40(8): 577-586.

[55]CAI C G, JIANG H, LI L, et al. Characterization of the sweet taste receptor Tas1r2 from an old world monkey species Rhesus monkey and species-dependent activation of the monomeric receptor by an intense sweetener perillartine[J]. PLoS One,2016,11(8):e0160079.

[56]WINNIG M,BUFE B,KRATOCHWIL N A,et al. The binding site for neohesperidin dihydrochalcone at the human sweet taste receptor[J]. BMC Structural Biology, 2007,7:66.

[57]KIM S K,CHEN Y L,ABROL R,et al. Activation mechanism of the G protein-coupled sweet receptor heterodimer with sweeteners and allosteric agonists[J]. Proceedings of the National Academy of Sciences of the United States of America, 2017,114(10):2568-2573.

[58]MORINI G,BASSOLI A,TEMUSSI P A. Multiple receptors or multiple sites modeling the human T1R2-T1R3 sweet taste receptor[M]//Sweetness and Sweeteners. Washington,DC:American Chemical Society,2008:147-161.

[59]KAWAKAMI Y,INOUE A,KAWAI T,et al. The rationale for E2020 as a potent acetylcholinesterase inhibitor[J]. Bioorganic & Medicinal Chemistry, 1996, 4 (9): 1429-1446.

[60]VON ITZSTEIN M,WU W Y,KOK G B,et al. Rational design of potent sialidase-

based inhibitors of influenza virus replication [J]. Nature,1993,363(6428):418-423.

[61] SEELIGER D,DE GROOT B L. Ligand docking and binding site analysis with PyMOL and Autodock/Vina[J]. Journal of Computer-Aided Molecular Design,2010,24(5):417-422.

[62] LI B,KIHARA D. Protein docking prediction using predicted protein-protein interface[J]. BMC Bioinformatics,2012,13:7.

[63] OHUE M,MATSUZAKI Y,AKIYAMA Y. Docking-calculation-based method for predicting protein-RNA interactions [J]. Genome Informatics. International Conference on Genome Informatics,2011,25(1):25-39.

[64] SUN J Y,MEI H. Docking and 3D-QSAR investigations of pyrrolidine derivatives as potent neuraminidase inhibitors[J]. Chemical Biology & Drug Design,2012,79(5):863-868.

[65] YANG S Y. Pharmacophore modeling and applications in drug discovery:Challenges and recent advances[J]. Drug Discovery Today,2010,15(11/12):444-450.

[66] KHEDKAR S A,MALDE A K,COUTINHO E C,et al. Pharmacophore modeling in drug discovery and development:An overview [J]. Medicinal Chemistry (Shariqah (United Arab Emirates)),2007,3(2):187-197.

[67] LEACH A R, GILLET V J, LEWIS R A, et al. Three-dimensional pharmacophore methods in drug discovery [J]. Journal of Medicinal Chemistry,2010,53(2):539-558.

[68] WOLBER G,SEIDEL T,BENDIX F,et al. Molecule-pharmacophore superpositioning and pattern matching in computational drug design [J]. Drug Discovery Today,2008,13(1/2):23-29.

[69] BADRINARAYAN P,SASTRY G N. Virtual screening filters for the design of type II

p38 MAP kinase inhibitors: A fragment based library generation approach[J]. Journal of Molecular Graphics and Modelling, 2012, 34:89-100.

[70] WILD D J, WILLETT P. Similarity searching in files of three-dimensional chemical structures. alignment of molecular electrostatic potential fields with a genetic algorithm[J]. Journal of Chemical Information and Computer Sciences, 1996, 36(2): 159-167.

[71] DI PIZIO A, WATERLOO L A W, BROX R, et al. Rational design of agonists for bitter taste receptor TAS2R14: From modeling to bench and back[J]. Cellular and Molecular Life Sciences, 2020, 77(3):531-542.

[72] STERNINI C, ANSELMI L, ROZENGURT E. Enteroendocrine cells: A site of 'taste' in gastrointestinal chemosensing[J]. Current Opinion in Endocrinology, Diabetes, and Obesity, 2008, 15(1):73-78.

[73] DOTSON C D, SPECTOR A C. The relative affective potency of Glycine, L-serine and sucrose as assessed by a brief-access taste test in inbred strains of mice[J]. Chemical Senses, 2004, 29(6):489-498.

[74] BACHMANOV A A, BEAUCHAMP G K. Amino acid and carbohydrate preferences in C57BL/6ByJ and 129P3/J mice[J]. Physiology & Behavior, 2008, 93(1/2): 37-43.

[75] FERNANDES A B, ALVES DA SILVA J, ALMEIDA J, et al. Postingestive modulation of food seeking depends on vagus-mediated dopamine neuron activity[J]. Neuron, 2020, 106(5):778-788. e6.

[76] YIN K J, XIE D Y, ZHAO L, et al. Effects of different sweeteners on behavior and neurotransmitters release in mice[J]. Journal of Food Science and Technology, 2020, 57(1):113-121.

[77] TAN H E, SISTI A C, JIN H, et al. The gut-brain axis mediates sugar

preference[J]. Nature,2020,580(7804):511-516.

[78]SCLAFANI A,GLASS D S,MARGOLSKEE R F,et al. Gut T1R3 sweet taste receptors do not mediate sucrose-conditioned flavor preferences in mice[J]. American Journal of Physiology. Regulatory, Integrative and Comparative Physiology,2010,299(6): R1643-R1650.

[79]TARUNO A, VINGTDEUX V, OHMOTO M, et al. CALHM1 ion channel mediates purinergic neurotransmission of sweet,bitter and umami tastes[J]. Nature,2013, 495(7440):223-226.

[80]DAMAK S,RONG M Q,YASUMATSU K,et al. Detection of sweet and umami taste in the absence of taste receptor T1r3[J]. Science,2003,301(5634):850-853.

[81]DE ARAUJO I E,OLIVEIRA-MAIA A J,SOTNIKOVA T D,et al. Food reward in the absence of taste receptor signaling[J]. Neuron,2008,57(6):930-941.

[82]SCLAFANI A, MARAMBAUD P, ACKROFF K. Sucrose - conditioned flavor preferences in sweet ageusic T1r3 and Calhm1 knockout mice[J]. Physiology & Behavior,2014,126:25-29.

[83]PÉREZ C,SCLAFANI A. Cholecystokinin conditions flavor preferences in rats[J]. A-merican Journal of Physiology,1991,260(1 Pt 2):R179-R185.

[84]PÉREZ C, LUCAS F, SCLAFANI A. Devazepide, a CCKA antagonist, attenuates the satiating but not the preference conditioning effects of intestinal carbohydrate infusions in rats[J]. Pharmacology Biochemistry and Behavior, 1998, 59 (2): 451-457.

[85]SCLAFANI A,TOUZANI K,ACKROFF K. Ghrelin signaling is not essential for sugar or fat conditioned flavor preferences in mice[J]. Physiology & Behavior,2015,149: 14-22.

[86]KOOB G F. Neural mechanisms of drug reinforcement[J]. Annals of the New York A-

cademy of Sciences,1992,654(1):171-191.

[87]WISE R A. Role of brain dopamine in food reward and reinforcement [J]. Philosophical Transactions of the Royal Society of London. Series B, Biological Sciences,2006,361(1471):1149-1158.

[88]BASSAREO V,DI CHIARA G. Differential responsiveness of dopamine transmission to food-stimuli in nucleus accumbens shell/core compartments[J]. Neuroscience, 1999,89(3):637-641.

[89]CHENG J J,FEENSTRA M G P. Individual differences in dopamine efflux in nucleus accumbens shell and core during instrumental learning[J]. Learning & Memory (Cold Spring Harbor,N. Y.),2006,13(2):168-177.

[90]HAJNAL A, NORGREN R. Accumbens dopamine mechanisms in sucrose intake [J]. Brain Research,2001,904(1):76-84.

[91]GEARY N,SMITH G P. Pimozide decreases the positive reinforcing effect of sham fed sucrose in the rat[J]. Pharmacology Biochemistry and Behavior,1985,22(5): 787-790.

[92]MUSCAT R, WILLNER P. Effects of dopamine receptor antagonists on sucrose consumption and preference[J]. Psychopharmacology,1989,99(1):98-102.

[93]SCHNEIDER L H,GIBBS J,SMITH G P. D-2 selective receptor antagonists suppress sucrose sham feeding in the rat[J]. Brain Research Bulletin,1986,17(4): 605-611.

[94]WEATHERFORD S C, SMITH G P, MELVILLE L D. D-1 and D-2 receptor antagonists decrease corn oil sham feeding in rats [J]. Physiology & Behavior, 1988,44(4/5):569-572.

[95]BAKER R W,OSMAN J,BODNAR R J. Differential actions of dopamine receptor antagonism in rats upon food intake elicited by either mercaptoacetate or exposure to a

palatable high-fat diet[J]. Pharmacology, Biochemistry, and Behavior, 2001, 69(1/2):201–208.

[96]TOUZANI K, BODNAR R, SCLAFANI A. Activation of dopamine D1-like receptors in nucleus accumbens is critical for the acquisition, but not the expression, of nutrient-conditioned flavor preferences in rats [J]. European Journal of Neuroscience, 2008, 27(6):1525–1533.

[97]AZZARA A V, BODNAR R J, DELAMATER A R, et al. D1 but not D2 dopamine receptor antagonism blocks the acquisition of a flavor preference conditioned by intra-gastric carbohydrate infusions [J]. Pharmacology, Biochemistry, and Behavior, 2001, 68(4):709–720.

[98]BAKER R M, SHAH M J, SCLAFANI A, et al. Dopamine D1 and D2 antagonists reduce the acquisition and expression of flavor-preferences conditioned by fructose in rats[J]. Pharmacology, Biochemistry, and Behavior, 2003, 75(1):55–65.

[99]YU W Z, SILVA R M, SCLAFANI A, et al. Role of D1 and D2 dopamine receptors in the acquisition and expression of flavor-preference conditioning in sham-feeding rats[J]. Pharmacology Biochemistry and Behavior, 2000, 67(3):537–544.

[100]MARK G P, SMITH S E, RADA P V, et al. An appetitively conditioned taste elicits a preferential increase in mesolimbic dopamine release [J]. Pharmacology Biochemistry and Behavior, 1994, 48(3):651–660.

[101]DELA CRUZ J A D, COKE T, BODNAR R J. Simultaneous detection of c-fos activation from mesolimbic and mesocortical dopamine reward sites following naive sugar and fat ingestion in rats[J]. Journal of Visualized Experiments, 2016 (114):53897.

[102]REN X Y, FERREIRA J G, ZHOU L G, et al. Nutrient selection in the absence of taste receptor signaling [J]. The Journal of Neuroscience, 2010, 30 (23):

8012-8023.

[103] LIU W W,BOHÓRQUEZ D V. The neural basis of sugar preference[J]. Nature Reviews Neuroscience,2022,23(10):584-595.

[104] TELLEZ L A,HAN W F,ZHANG X B,et al. Separate circuitries encode the hedonic and nutritional values of sugar[J]. Nature Neuroscience,2016,19(3):465-470.

[105] BOHÓRQUEZ D V,CHANDRA R,SAMSA L A,et al. Characterization of basal pseudopod-like processes in ileal and colonic PYY cells[J]. Journal of Molecular Histology,2011,42(1):3-13.

[106] BOHÓRQUEZ D V,SHAHID R A,ERDMANN A,et al. Neuroepithelial circuit formed by innervation of sensory enteroendocrine cells[J]. The Journal of Clinical Investigation,2015,125(2):782-786.

[107] KAELBERER M M,BUCHANAN K L,KLEIN M E,et al. A gut-brain neural circuit for nutrient sensory transduction[J]. Science,2018,361(6408):eaat5236.

[108] BUCHANAN K L,RUPPRECHT L E,KAELBERER M M,et al. The preference for sugar over sweetener depends on a gut sensor cell[J]. Nature Neuroscience, 2022,25(2):191-200.

[109] ZITTEL T T,DE GIORGIO R,STERNINI C,et al. Fos protein expression in the nucleus of the solitary tract in response to intestinal nutrients in awake rats[J]. Brain Research,1994,663(2):266-270.

[110] YAMAMOTO T,SAWA K. Comparison of c-fos-like immunoreactivity in the brainstem following intraoral and intragastric infusions of chemical solutions in rats[J]. Brain Research,2000,866(1/2):144-151.

[111] GUARNER F,MALAGELADA J R. Gut flora in health and disease[J]. Lancet, 2003,361(9356):512-519.

[112] SENDER R,FUCHS S,MILO R. Are we really vastly outnumbered revisiting the

ratio of bacterial to host cells in humans[J]. Cell,2016,164(3):337-340.

[113]QIN J J, LI Y R, CAI Z M, et al. A metagenome – wide association study of gut microbiota in type 2 diabetes[J]. Nature,2012,490(7418):55-60.

[114]SUN L J,MA L J,MA Y B,et al. Insights into the role of gut microbiota in obesity: Pathogenesis, mechanisms, and therapeutic perspectives [J]. Protein & Cell, 2018,9(5):397-403.

[115]LEE M, CHANG E B. Inflammatory bowel diseases (IBD) and the microbiome – searching the crime scene for clues[J]. Gastroenterology,2021,160 (2):524-537.

[116]CAI J,SUN L L,GONZALEZ F J. Gut microbiota – derived bile acids in intestinal immunity,inflammation,and tumorigenesis[J]. Cell Host & Microbe,2022,30(3): 289-300.

[117]RODRIGUEZ-PALACIOS A, HARDING A, MENGHINI P, et al. The artificial sweetener splenda promotes gut proteobacteria, dysbiosis, and myeloperoxidase reactivity in Crohn's disease – like ileitis[J]. Inflammatory Bowel Diseases,2018,24(5):1005-1020.

[118]UEBANSO T,OHNISHI A,KITAYAMA R,et al. Effects of low – dose non – caloric sweetener consumption on gut microbiota in mice [J]. Nutrients, 2017, 9 (6):560.

[119]WANG Q P,BROWMAN D,HERZOG H,et al. Non-nutritive sweeteners possess a bacteriostatic effect and alter gut microbiota in mice [J]. PLoS One, 2018, 13 (7):e0199080.

[120]ZHANG M C, CHEN J, YANG M L, et al. Low doses of sucralose alter fecal microbiota in high – fat diet – induced obese rats[J]. Frontiers in Nutrition,2021, 8:787055.

［121］DAI X,GUO Z X,CHEN D F,et al. Maternal sucralose intake alters gut microbiota of offspring and exacerbates hepatic steatosis in adulthood［J］. Gut Microbes, 2020,11(4):1043-1063.

［122］ZHENG Z B,XIAO Y P,MA L Y,et al. Low dose of sucralose alter gut microbiome in mice［J］. Frontiers in Nutrition,2022,9:848392.

［123］ABOU-DONIA M B,EL-MASRY E M,ABDEL-RAHMAN A A,et al. Splenda alters gut microflora and increases intestinal P-glycoprotein and cytochrome P-450 in male rats［J］. Journal of Toxicology and Environmental Health, Part A, 2008,71(21):1415-1429.

［124］LI J R,ZHU S L,LV Z P,et al. Drinking water with saccharin sodium alters the microbiota-gut-hypothalamus axis in guinea pig［J］. Animals, 2021, 11 (7):1875.

［125］ANDERSON R L,KIRKLAND J J. The effect of sodium saccharin in the diet on caecal microflora［J］. Food and Cosmetics Toxicology,1980,18(4):353-355.

［126］CHI L,BIAN X M,GAO B,et al. Effects of the artificial sweetener neotame on the gut microbiome and fecal metabolites in mice［J］. Molecules, 2018, 23 (2):367.

［127］SERRANO J, SMITH K R, CROUCH A L, et al. High-dose saccharin supplementation does not induce gut microbiota changes or glucose intolerance in healthy humans and mice［J］. Microbiome,2021,9(1):11.

［128］FALCON T,FOLETTO K C,SIEBERT M,et al. Metabarcoding reveals that a non-nutritive sweetener and sucrose yield similar gut microbiota patterns in Wistar rats［J］. Genetics and Molecular Biology,2020,43(1):e20190028.

［129］FRANKENFELD C L, SIKAROODI M, LAMB E, et al. High-intensity sweetener consumption and gut microbiome content and predicted gene function in a cross-sectional study of adults in the United States[J]. Annals of Epidemiology, 2015,25(10):736-742. e4.

[130]MATSUI M, HAYASHI N, KONUMA H, et al. Studies on metabolism of food additives by microorganisms inhabiting gastrointestinal tract (IV)[J]. Food Hygiene and Safety Science,1976,17(1):54-58_1.

[131]UEBANSO T, KANO S, YOSHIMOTO A, et al. Effects of consuming xylitol on gut microbiota and lipid metabolism in mice[J]. Nutrients,2017,9(7):756.

[132]SALMINEN S,SALMINEN E,KOIVISTOINEN P,et al. Gut microflora interactions with xylitol in the mouse,rat and man[J]. Food and Chemical Toxicology,1985, 23(11):985-990.

[133]SALMINEN S,SALMINEN E,BRIDGES J,et al. The effects of sorbitol on the gastro-intestinal microflora in rats[J]. Zeitschrift Für Ernährungswissenschaft,1986,25 (2):91-95.

[134]BEARDS E,TUOHY K,GIBSON G. A human volunteer study to assess the impact of confectionery sweeteners on the gut microbiota composition[J]. British Journal of Nutrition,2010,104(5):701-708.

[135]WATANABE M, OZAKI T, HIRATA Y, et al. Effect of lactitol on intestinal bacteria[J]. BIFIDUS--Flores,Fructus et Semina,1995,9:19-26.

[136]VAN TREUREN W,DODD D. Microbial contribution to the human metabolome:Implications for health and disease[J]. Annual Review of Pathology,2020,15: 345-369.

[137]MARCHIX J,GODDARD G,HELMRATH M A. Host-gut microbiota crosstalk in intestinal adaptation [J]. Cellular and Molecular Gastroenterology and Hepatology,2018,6(2):149-162.

[138]BIAN X M, CHI L, GAO B, et al. The artificial sweetener acesulfame potassium

affects the gut microbiome and body weight gain in CD-1 mice[J]. PLoS One, 2017,12(6):e0178426.

[139] PALMNÄS M S A, COWAN T E, BOMHOF M R, et al. Low-dose aspartame consumption differentially affects gut microbiota-host metabolic interactions in the diet-induced obese rat[J]. PLoS One,2014,9(10):e109841.

[140] SÁNCHEZ-TAPIA M, MILLER A W, GRANADOS-PORTILLO O, et al. The development of metabolic endotoxemia is dependent on the type of sweetener and the presence of saturated fat in the diet[J]. Gut Microbes,2020,12(1):1801301.

[141] THABUIS C, HERBOMEZ A C, DESAILLY F, et al. Prebiotic-like effects of Sweet-Pearl® maltitol through changes in caecal and fecal parameters[J]. Food and Nutrition Sciences,2012,3(10):1375-1381.

[142] SUZUKI K, ENDO Y, UEHARA M, et al. Effect of lactose, lactulose and sorbitol on mineral utilization and intestinal flora[J]. Nippon Eiyo Shokuryo Gakkaishi, 1985,38(1):39-42.

[143] LIN S H, CHOU L M, CHIEN Y W, et al. Prebiotic effects of xylooligosaccharides on the improvement of microbiota balance in human subjects[J]. Gastroenterology Research and Practice,2016,2016(1):5789232.

[144] XIANG S S, YE K, LI M, et al. Xylitol enhances synthesis of propionate in the colon via cross-feeding of gut microbiota[J]. Microbiome,2021,9(1):62.

[145] PIVA A, PRANDINI A, FIORENTINI L, et al. Tributyrin and lactitol synergistically enhanced the trophic status of the intestinal mucosa and reduced histamine levels in the gut of nursery pigs[J]. Journal of Animal Science,2002,80(3):670-680.

[146] BALLONGUE J, SCHUMANN C, QUIGNON P. Effects of lactulose and lactitol on colonic microflora and enzymatic activity[J]. Scandinavian Journal of Gastroenterology,1997,32(sup222):41-44.

［147］WHITE W L,COVENY A H,ROBERTSON J,et al. Utilisation of mannitol by temperate marine herbivorous fishes［J］. Journal of Experimental Marine Biology and Ecology,2010,391(1/2):50−56.

［148］MAHALAK K K,FIRRMAN J,TOMASULA P M,et al. Impact of steviol glycosides and erythritol on the human and Cebus apella gut microbiome［J］. Journal of Agricultural and Food Chemistry,2020,68(46):13093−13101.

［149］XIAO R M,LIAO W C,LUO G J,et al. Modulation of gut microbiota composition and short−chain fatty acid synthesis by mogroside V in an in vitro incubation system［J］. ACS Omega,2021,6(39):25486−25496.

［150］SHIL A, CHICHGER H. Artificial sweeteners negatively regulate pathogenic characteristics of two model gut bacteria, E. coli and E. faecalis ［J］. International Journal of Molecular Sciences,2021,22(10):5228.

［151］BIAN X M,CHI L,GAO B,et al. Gut microbiome response to sucralose and its potential role in inducing liver inflammation in mice ［J］. Frontiers in Physiology,2017,8:487.

［152］LÜ K,SONG X W,ZHANG P,et al. Effects of Siraitia grosvenorii extracts on high fat diet−induced obese mice:A comparison with artificial sweetener aspartame ［J］. Food Science and Human Wellness,2022,11(4):865−873.

［153］SUEZ J,KOREM T,ZEEVI D,et al. Artificial sweeteners induce glucose intolerance by altering the gut microbiota［J］. Nature,2014,514(7521):181−186.

［154］Suez J,Cohen Y,Valdés−Mas R,et al. Personalized microbiome−driven effects of non−nutritive sweeteners on human glucose tolerance［J］. Cell,2022,185(18):3307−3328.

第4章 | 甜味剂的创新发展

4.1 新型甜味剂的理性设计

对甜味受体和肠-脑轴效应的研究为新型甜味剂的理性设计提供了重要指导。一方面,甜味受体能够为甜味剂创新提供重要靶点;另一方面,甜味剂和糖类产生行为偏好影响能力差异的重要原因在于能否有效激活肠-脑轴效应。因此,项目组提出甜味剂研发创制应该将甜味受体和肠-脑轴效应关键靶点 SGLT1 作为理性设计的重要靶点,尝试开发既能产生甜味感受,又能激活肠-脑轴效应的新型甜味剂。

目前,人工智能算法在预测蛋白结构方面取得了突破性进展。2021 年年底,谷歌 DeepMind 团队开发了基于人工智能的 AlphaFold2 算法,实现了蛋白结构更加准确的预测。在蛋白 3D 结构预测方面,AlphaFold2 的准确性已可以与冷冻电镜、核磁共振或 X 射线晶体学等实验技术相媲美。目前,AlphaFold2 已经完成 35 万种蛋白结构的预测,包括人类基因组所表达的约 2 万种蛋白和其他 20 种生物学研究中常用模式生物(如大肠杆菌、酵母和果蝇)蛋白[1]。鉴于当前甜味受体的晶体结构仍未获得有效解析,研究者可以基于 AlphaFold2 获得更精准的甜味受体结构信息(图 4-1),进而利用计算模拟技术辅助开发新型甜味配体。

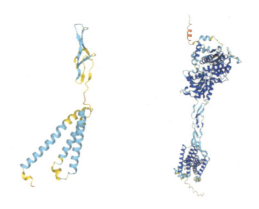

图 4-1 来自 AlphaFold 蛋白结构数据库 T1R2(左)和 T1R3(右)的结构预测结果

2021 年,斯坦福大学冯亮教授团队与 Georgios Skiniotis 教授团队获得了分辨率为 3.15 Å 的 SGLT1 近原子级冷冻电镜结构,并揭示了 SGLT1 作为转运蛋白的结构机制。从蛋白结构中阐明了 SGLT1 识别葡萄糖的分子机制(图 4-2),葡萄糖作用于 SGLT1 的活性位点也被识别[2]。因此,研究者可以基于 SGLT1 受体结合和葡萄糖作用位点来评估新型甜味剂与其结合能力,从而判断甜味剂引发肠-脑轴效应的能力。

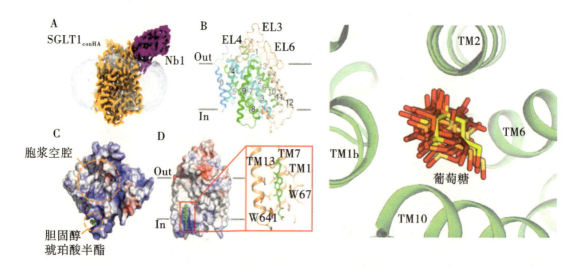

图 4-2 SGLT1 三维结构和葡萄糖与 SGLT1 的结合位点

与此同时,计算机模拟技术处于快速发展时期,为进行大批量的甜味受体、甜味分子间结合效果的评价提供了有力支持。目前已有多款软件(如 AutoDock、Dock、

ZDock、Hex、3D-Dock、HADDOCK 等）可用于蛋白和配体分子对接,预测结合能力和结合位点。表 4-1 中总结了进行新型甜味剂理性设计的简要方法学框架供研究者参考。

表 4-1　新型甜味剂理性设计的方法学框架

实验模型	AlphaFold2 预测的甜味受体以及 SGLT1 受体
评价指标	结合能力:利用软件评分函数预测甜味剂与受体的结合能力
关键技术	分子对接、分子动力学模拟等
设备需求	服务器、分子对接软件、分子动力学模拟软件、ChemDraw 软件等
文献举例	1. Di Pizio A, Waterloo LAW, Brox R, Löber S, Weikert D, Behrens M, Gmeiner P, Niv MY. Rational design of agonists for bitter taste receptor TAS2R14:from modeling to bench and back. Cell Mol Life Sci. 2020;77（3）:531-542. 2. Acevedo W, Ramírez-Sarmiento CA, Agosin E. Identifying the interactions between natural, non-caloric sweeteners and the human sweet receptor by molecular docking. Food Chem. 2018 30;264:164-171.

4.2　完善甜味剂的功能评估体系

现有甜味剂评估体系主要依靠感官评价,从两个方面进行:一是甜度评价,通常以蔗糖为标准评价甜度高低;二是整体风味特征,评价是否具有苦味、凉味等不良风味。甜味剂的肠-脑轴效应研究提示我们,当前甜味剂难以引发类似糖类的行为偏好。另外,肠道菌群与人们的健康息息相关,甜味剂创新工作也应当将对肠道菌群影响的研究纳入甜味剂评估体系。

4.2.1 甜味剂肠-脑轴效应的评估方法

4.2.1.1 利用动物行为学表现的评估方法

行为学方法能够简便且直观地表征动物行为偏好,研究者可以依据模型动物在一定时程内对甜味成分的消耗量或舔舐次数量化评价其行为偏好。双瓶偏好实验是行为学研究中面对类似问题最常用的实验手段。例如利用野生小鼠、T1R3 或 TRPM5 等基因敲除小鼠模型,使用小鼠糖水偏好装置,通过监控相同时间内小鼠对含甜味剂溶液和糖溶液的消耗量或计算动物偏好指数(分析前 100 次和后 100 次动物舔舐甜味剂占总舔舐试次的百分比),即可有效量化反映小鼠对甜味剂的行为偏好。

行为学实验可以设计两种实施策略:一种是利用野生小鼠为动物模型,监测野生小鼠在葡萄糖和甜味剂之间的偏好选择,如果小鼠在葡萄糖和甜味剂之间没有行为偏好,则反映甜味剂和葡萄糖同样具有激活肠-脑轴的能力(图 4-3)。另一种是利用 T1R3 或 TRPM5 等基因敲除小鼠为动物模型,监测小鼠在水和甜味剂之间的偏好选择。T1R3 和 TRPM5 基因的敲除分别阻断了甜味感知和甜味信号传导的通路,阻断这两个通路,小鼠依然能够形成对糖的偏好。因此,如果基因敲除小鼠形成了对甜味剂的偏好,即可反映该甜味剂具有激活肠-脑轴的能力。

结合野生小鼠、T1R3 敲除小鼠或 TRPM5 敲除小鼠等动物模型,利用双瓶偏好等行为学研究方法,能够从功能层面有效评估新型甜味剂激活肠-脑轴的能力。目前基因敲除小鼠模型的培养已有完备的社会化技术服务。行为学实验具有设备要求低,实验操作简单,实验周期短等优势,对于产业界而言是一种低成本高效率的甜味剂肠-脑轴激活能力评估方法。

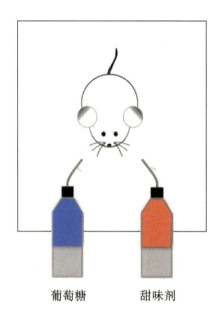

葡萄糖　　　　甜味剂

图 4-3　双瓶偏好实验示意[3]

4.2.1.2　利用脑区神经活动的评估方法

糖类可通过肠-脑轴激活中脑边缘系统和黑质纹状体系统,释放多巴胺产生奖赏效应;而人工甜味剂如三氯蔗糖等仅能通过口腔甜味受体激活中脑边缘系统,产生奖赏效应。因此,可以通过黑质纹状体系统多巴胺能神经元的激活或多巴胺的释放特征评估甜味剂是否具有激活肠-脑轴的能力。目前针对多巴胺奖赏环路的研究较多,技术路线已经较为成熟。

多巴胺能神经元激活的研究方法常以多巴胺受体标记(DAT-Cre)的转基因小鼠为动物模型,结合立体定位仪和微量注射装置将能表征神经元活动的钙荧光指示剂注射到黑质致密部,将钙荧光蛋白特异性地表达在黑质致密部多巴胺能神经元上,利用在体光纤记录或双光子钙成像等技术手段监控胃内输注甜味剂后多巴胺能神经元(群体神经元或单个神经元)荧光强度的变化规律,从而反映甜味剂激活肠-脑轴的能力(图 4-4)。值得说明的是,通过孤束尾核神经元的激活也可以表征甜味剂是否具有激活肠-脑轴的能力,但孤束核位于脑干,相比于黑质纹状体系统实验操作难度较大。

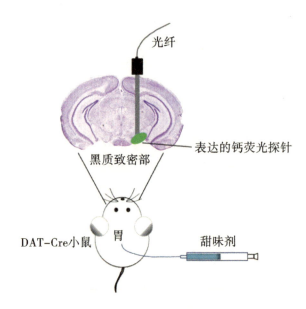

图 4-4　以 DAT-Cre 小鼠为动物模型光纤记录胃内输注甜味剂后多巴胺能神经元的活性[4]

通过检测黑质纹状体系统背侧纹状体区域多巴胺的释放是奖赏环路研究另一个可选择的技术。利用 C57BL/6 小鼠(实验室最常用的小鼠品系)为动物模型,将监测神经递质释放的多巴胺探针表达在背侧纹状体神经元,利用光纤记录手段,监控胃内输注甜味剂后代表性神经递质多巴胺释放荧光强度的变化规律,进而反映甜味剂激活肠-脑轴的能力。

与行为学评估角度相比,利用脑区神经活动的评估方法能够更为直观地观察到脑区神经活动,更加客观地量化评价新型甜味剂肠-脑轴激活能力。但是,这些方法将涉及动物手术和脑区神经活动监控技术,技术与设备要求相对较高;同时,所使用的生物探针表达时间周期较长,实验的时间成本也相对较高。

4.2.1.3　利用关键受体激活能力的评估方法

SGLT1 受体是糖类肠-脑轴信号产生的关键靶点,葡萄糖是 SGLT1 受体的特异性配体。葡萄糖通过与细胞表面的SGLT1受体结合可以引发胞内下游信号转导和细胞活性的增加,导致胞内钙离子浓度增高。近年来,受体蛋白的高效异源表达技术取得了巨大进步。异源表达细胞系统可以是人胚胎肾细胞(HEK-293)、幼仓鼠肾细胞、绿猴肾细胞和中国仓鼠卵巢细胞等。当前已有研究成功构建了人胚胎肾细胞SGLT家族中SGLT2基因异源表达体系[5]。因此,可以通过分子生物学技术构建SGLT1蛋白基因真核表达载体,向异源细胞系统插入表达SGLT1蛋白基因,使细胞单一地表达SGLT1受体蛋白。进一步运用钙离子成像技术检测细胞内钙离子浓度的变化,给予甜味剂刺激后通过激光共聚焦显微镜观察细胞荧光变化,从而量化评估甜味剂对SGLT1的激活能力。

此外,肠道neuropod细胞表达SGLT1蛋白,葡萄糖可特异性地结合SGLT1蛋白激活neuropod细胞释放谷氨酸[6]。因此可以通过甜味剂是否激活neuropod细胞释放谷氨酸评估甜味剂激活肠-脑轴的能力。例如将表达谷氨酸荧光探针(iGluSnFR)的细胞(如HEK-293、BHK细胞等)和neuropod细胞共培养后加入甜味剂,利用激光共聚焦显微镜可以实时观察表达iGluSnFR细胞的荧光变化,用以量化反映谷氨酸的释放情况,从而判断甜味剂是否具有激活肠-脑轴的能力(图4-5)。

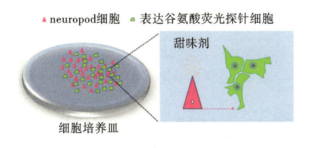

▲ neuropod细胞　■ 表达谷氨酸荧光探针细胞

甜味剂

细胞培养皿

图4-5　neuropod细胞和表达谷氨酸荧光探针细胞共培养示意[6]

利用关键靶点蛋白激活能力的评估方法能从更深层的角度(受体、分子)评估甜味剂激活肠-脑轴的能力,所涉及技术方法依赖于构建稳定表达的异源SGLT1受体蛋白细胞株或从动物的肠道分离出neuropod细胞。细胞实验环境需要细胞培养间并配备荧光共聚焦显微镜、细胞培养箱等一系列设备,同时要求实验人员具备专业的分子生物学技术背景和仪器操作技能。

4.2.2 甜味剂对肠道菌群影响的评估

近几年,甜味剂对于肠道菌群影响的相关研究报道数量逐年增加,已成为肠道菌群研究的一个热点课题。这些研究结果显示,甜味剂会极大地影响肠道菌群的菌落结构和功能,同时肠道菌群又与糖尿病、肥胖、炎症和肿瘤等多种人体疾病显著相关,因此有必要从肠道微生态角度完善甜味剂功能评估体系。

针对甜味剂对肠道菌群影响研究中,最常用的生物模型是体内动物模型,例如C57BL/6 雄性小鼠、C57BL/6 怀孕小鼠、Sprague-Dawley 雄性大鼠、高脂肪饮食大鼠、豚鼠、CD-1 雄性小鼠、Wistar 白化大鼠等。除了动物模型外,体内模型还可包括健康的人类志愿者。

肠道微生物系统由肠道菌群结构、功能及其所生活的环境组成。肠道菌群是肠道微生态系统的核心部分,肠道菌群结构复杂多样,研究者可重点关注有益菌、致病菌的数量变化以及一些重要指标,如厚壁菌门和拟杆菌门的比值、厌氧菌和需氧菌的比值等。当前用于菌群结构研究方法有多种,由于肠道中的微生物大多是厌氧菌,在二代高通量测序技术出现之前,多采用变性梯度凝胶电泳技术和末端限制性片段长度多态性分析等方法分析微生物菌落结构。此外,二代 16S rRNA 高通量测序技术可用于分析菌落的物种组成和菌落的多样性等,宏基因组测序技术可以在 16S rRNA 测序的基础上进行基因和功能层面的深入研究,这些技术均可应用于肠道菌群的结构研究。表 4-2 简要展示了进行肠道菌群评估的方法学框架。

表 4-2　肠道微生态研究角度方法学框架

生物模型	动物模型：C57BL/6 雄性小鼠、C57BL/6 怀孕小鼠、Sprague-Dawley 雄性大鼠、高脂肪饮食大鼠、豚鼠、CD-1 雄性小鼠、Wistar 白化大鼠 人体模型：健康志愿者
评价指标	菌群组成：有益菌、有害菌的数量；厚壁菌门和拟杆菌门的比值；厌氧菌和需氧菌的比值等
检测方法	16S rRNA 高通量测序法、宏基因组测序法
设备需求	核酸测序仪、实时定量 PCR 扩增仪、全自动琼脂凝胶糖电泳仪
文献举例	1. Bian X, Chi L, Gao B, Tu P, Ru H, Lu K. Gut Microbiome Response to Sucralose and Its Potential Role in Inducing Liver Inflammation in Mice. Front Physiol. 2017；8：487. 2. Rodriguez-Palacios A, Harding A, Menghini P, Himmelman C, Retuerto M, Nickerson KP, Lam M, Croniger CM, McLean MH, Durum SK, Pizarro TT, Ghannoum MA, Ilic S, McDonald C, Cominelli F. The Artificial Sweetener Splenda Promotes Gut Proteobacteria, Dysbiosis, and Myeloperoxidase Reactivity in Crohn's Disease-Like Ileitis. Inflamm Bowel Dis. 2018；24(5)：1005-1020. 3. Uebanso T, Kano S, Yoshimoto A, Naito C, Shimohata T, Mawatari K, Takahashi A. Effects of Consuming Xylitol on Gut Microbiota and Lipid Metabolism in Mice. Nutrients. 2017；9(7)：756.

　　另外,肠道菌群的代谢产物也和机体的健康息息相关,目前关于代谢产物的研究主要集中于短链脂肪酸,短链脂肪酸不仅是宿主的能量来源,也是免疫细胞生理功能的调节器。肠道中细菌代谢产物短链脂肪酸的研究主要采用代谢组学进行分析,利用气相/液相-质谱联用技术或质谱核磁共振对肠道内容物、粪便等不同的对象进行靶标和非靶标分析,通过不同短链脂肪酸的变化,考察甜味剂对肠道代谢物的影响,如乙酸、乳酸的增加可导致肠道 pH 值降低,抑制病原菌和腐生菌的生长和有毒代

谢产物的产生以及减少促炎因子的生成;丁酸可为肠道黏膜上皮细胞提供能量和促进上皮细胞增殖分化抑制炎症。肠道菌群代谢产物评估的方法学框架见表4-3。

表4-3　肠道菌群代谢产物评估的方法学框架

生物模型	动物模型:C57BL/6 雄性小鼠、C57BL/6 怀孕小鼠、高脂肪饮食大鼠、Sprague-Dawley 大鼠
评价指标	短链脂肪酸的含量(乙酸、丙酸、丁酸、乳酸等)
检测方法	气相/液相-质谱联用法、液相质谱核磁共振光谱联用法
设备需求	气相色谱质谱联用仪、液相色谱质谱联用仪、液相色谱质谱核磁共振联用系统等
文献举例	1. Palmnäs M S, Cowan T E, Bomhof M R, Su J, Reimer R A, Vogel H J, Hittel D S, Shearer J. Low-dose aspartame consumption differentially affects gut microbiota-host metabolic interactions in the diet-induced obese rat. PLoS One. 2014;9(10):e109841. 2. Xiang S, Ye K, Li M, Ying J, Wang H, Han J, Shi L, Xiao J, Shen Y, Feng X, Bao X, Zheng Y, Ge Y, Zhang Y, Liu C, Chen J, Chen Y, Tian S, Zhu X. Xylitol enhances synthesis of propionate in the colon via cross-feeding of gut microbiota. Microbiome. 2021;9(1):62.

参考文献

[1] TUNYASUVUNAKOOL K, ADLER J, WU Z, et al. Highly accurate protein structure prediction for the human proteome[J]. Nature, 2021, 596(7873):590-596.

[2] HAN L, QU Q H, AYDIN D, et al. Structure and mechanism of the SGLT family of glucose transporters[J]. Nature, 2021, 601(7892):274-279.

[3] TAN H E, SISTI A C, JIN H, et al. The gut-brain axis mediates sugar preference[J]. Nature, 2020, 580(7804):511-516.

［4］FERNANDES A B,ALVES DA SILVA J,ALMEIDA J,et al. Postingestive modulation of food seeking depends on vagus－mediated dopamine neuron activity［J］. Neuron, 2020,106(5):778－788. e6.

［5］于磊,周绪杰,吕继成,等. 人胚肾细胞 SGLT2 基因异源表达体系的构建[J]. 中华肾脏病杂志,2011(8):606－610.

［6］KAELBERER M M,BUCHANAN K L,KLEIN M E,et al. A gut－brain neural circuit for nutrient sensory transduction［J］. Science,2018,361(6408):eaat5236.